爱上编程
CODING

小猴编程
Scratch 3.0
趣味少儿编程 提高篇

赵满明 兰海越 编著

人民邮电出版社
北京

图书在版编目（CIP）数据

小猴编程：Scratch 3.0趣味少儿编程. 提高篇 / 赵满明，兰海越编著. -- 北京：人民邮电出版社，2019.9（2022.8重印）
（爱上编程）
ISBN 978-7-115-51430-1

Ⅰ. ①小… Ⅱ. ①赵… ②兰… Ⅲ. ①程序设计—少儿读物 Ⅳ. ①TP311.1-49

中国版本图书馆CIP数据核字(2019)第130896号

内 容 提 要

本书结合数学、科学、音乐等几个科目，以小猴编程卡通角色带入，用丰富的人设和故事把 Scratch 3.0 所表达的计算思维展现出来。全书共分为 12 课，每课主要讲一个功能模块，鼓励孩子们运用这个模块实现各种项目，不仅教会孩子们使用 Scratch 3.0，掌握全新的编程思维，还能提升孩子们的创造力、思考力、想象力。本书非常适合孩子们使用，全系列分为入门篇和提高篇，此为提高篇。

◆ 编　著　赵满明　兰海越
　　责任编辑　魏勇俊
　　责任印制　彭志环

◆ 人民邮电出版社出版发行　北京市丰台区成寿寺路11号
邮编　100164　电子邮件　315@ptpress.com.cn
网址　https://www.ptpress.com.cn
涿州市京南印刷厂印刷

◆ 开本：889×1194　1/20
印张：10.4　　　　2019年9月第1版
字数：185千字　　2022年8月河北第4次印刷

定价：69.00元

读者服务热线：(010)81055493　印装质量热线：(010)81055316
反盗版热线：(010)81055315
广告经营许可证：京东市监广登字 20170147 号

课前准备 PRE CLASS PREPARATION

亲爱的小朋友们,在开始上课前,我们先来做一些课前准备吧!看完下面这些小知识,我们就可以跟随小猴皮皮开启 Scratch 3.0 趣味编程之旅了。

○ 都有哪些人物?

小猴皮皮
小猴编程的主人公。

小鸟云云
小猴皮皮的好朋友。

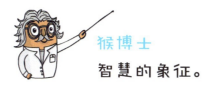

猴博士
智慧的象征。

大猩猩黑客
小猴皮皮的好朋友，有时候比较调皮。

○ 咦？他们在说些什么？

带尾巴的长方形中就是人物之间的对话。阅读这些对话，跟着小猴皮皮一起学习！

小猴皮皮：小猫躲起来了，小猫又出来了！

猴博士：小猴皮皮，你看，现在我们的程序是不是一直在运行了？

○ 学习技巧在哪里？

虚线长方形中是学习中的一些小技巧，一定要掌握哦！

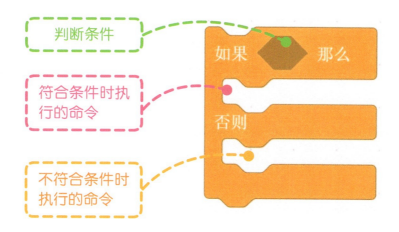

○ 遇到不懂的知识怎么办？

遇到不懂的知识，就看带花边的长方形中的内容，这些内容既可以给小朋友看，也可以供老师和家长辅导时参考。让我们一起认真学习，全面掌握编程思维！

> 循环结构：程序的常用结构之一。就是反复运行某一段程序。就像是钟表的指针一样，一圈一圈反复地运行。常见的例子就是路口的红绿灯，按照一定的规律一直重复运行。

目录 CONTENTS

第一课 良好的程序习惯 9

第二课 伟大的循环 21

第三课 我的决定 41

第四课 复杂的决定 55

第五课 我是设计师 73

第六课 我的小游戏 85

第七课 初级程序员 105

第八课 我的计算器 125

第九课 我的高级计算器 145

第十课 我的人工智能 163

第十一课 我的小游戏 2 177

第十二课 程序员晋级 189

第一课
良好的程序习惯

猴博士：小猴皮皮，在干什么呢？一上午都没看见你。

小猴皮皮：猴博士，我在看程序呢，我以前写的程序看不懂了。

猴博士：看来你没有养成给程序写注释的良好习惯啊！

小猴皮皮：怎么写注释啊？您快告诉我吧！

 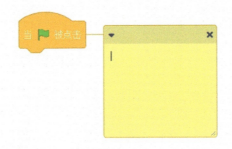

> 程序注释，就是对程序代码的解释和说明，目的在于让人们更容易理解程序。

猴博士：你看！这样写上注释，就可以帮助你快速地理解程序了。

> 命令上单击鼠标右键就会弹出菜单，然后选择添加注释就可以了。

小猴皮皮：原来是这样啊！我来试试给交通信号灯程序加个注释。

第一课 良好的程序习惯

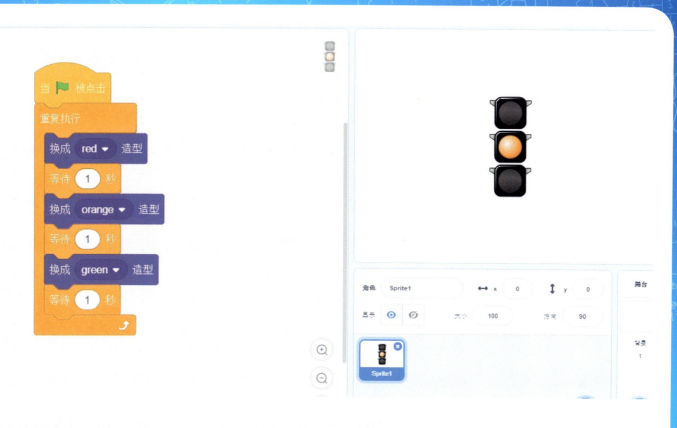

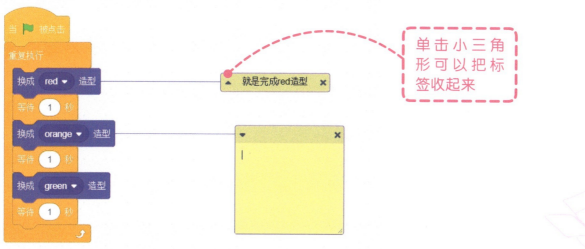

单击小三角形可以把标签收起来

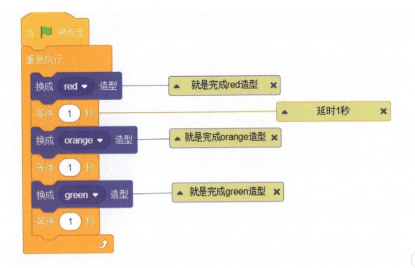

拖拽注释可以将注释标签和命令分离，当把标签靠近命令时会自动连接，但要注意：不要放错行哦！

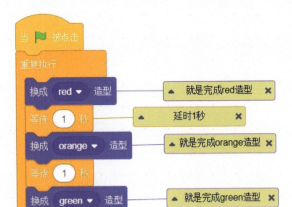

在注释标签上单击鼠标右键可以删除注释标签。展开注释标签，选中里面的文字内容，使用组合键 Ctrl+C 和 Ctrl+V 可以进行复制粘贴操作。

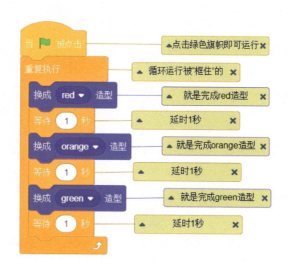

注意：注释不会影响程序的运行，并且给程序写注释不一定要每一条都写，一些很简单的命令，可以不添加注释。

猴博士：好了，现在你已经会给程序添加注释了，以后要养成给程序写注释的习惯。

小猴皮皮：我现在就把我编写过的程序都添上注释。我先为时钟程序添加注释。

秒针转一圈（360度）为60秒，也就是说秒针每秒转6度。而程序默认的0度是12点的位置，所以用当前的秒数乘以6，就变成了当前秒针应该指向的位置。

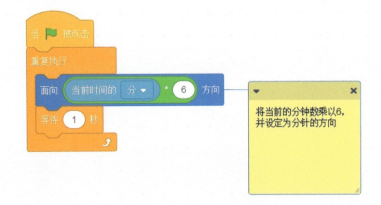

分针转一圈（360度）为60分钟，与秒针类似，我们可以复制秒针的程序并适当修改。

第一课 良好的程序习惯

> 时针是12小时转过360度,所以每小时要转过30度,因此不能把当前时间乘以6,需要乘以30,才能让指针指向正确的位置。

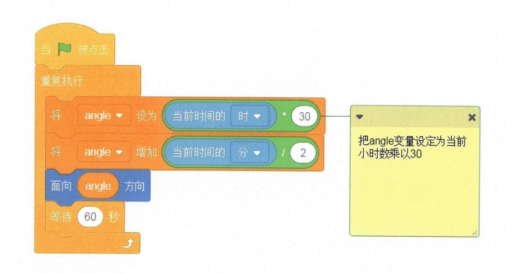

把angle变量设定为当前小时数乘以30

> 为了模拟得更像真实的时钟,我们使用变量来计算时针当前应该指向的位置。所以有变量增加的算法。

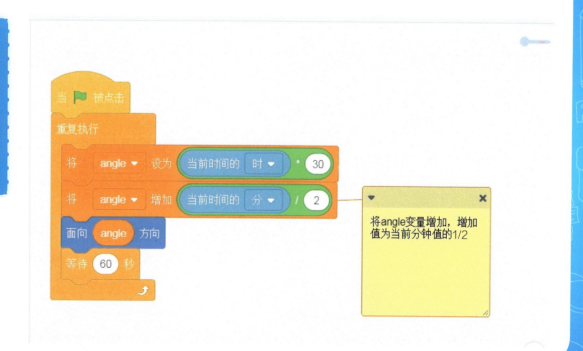

将angle变量增加,增加值为当前分钟值的1/2

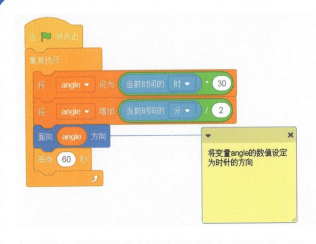

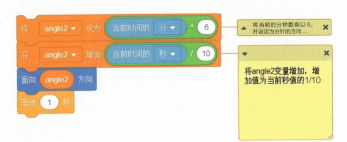

当然,如果想把分针也模拟得更真实,我们也可以仿照时针的程序做一下修改,然后替换掉原来分针程序中循环执行的部分。

小猴皮皮:时钟程序的注释加好了,我把接弹球的程序也加上注释。

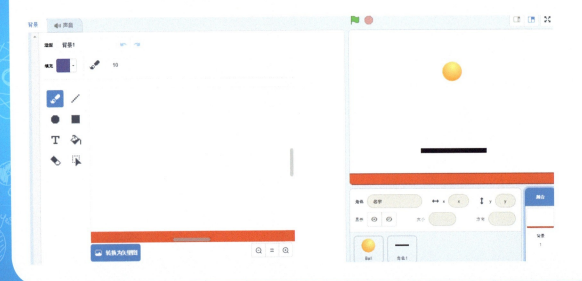

第一课 良好的程序习惯

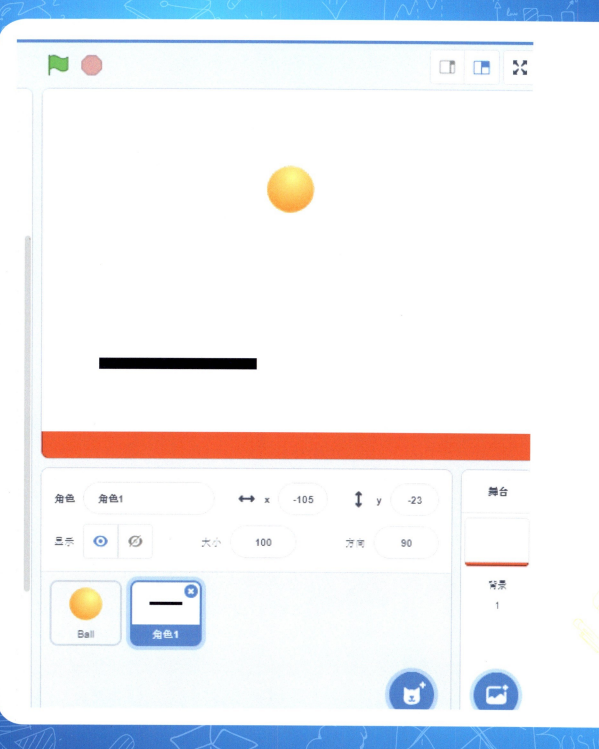

小球的第一段程序

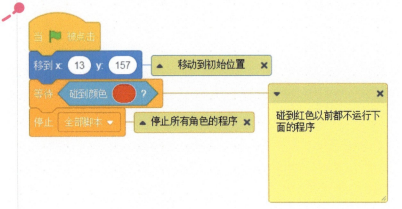

碰到红色以前都不运行下面的程序

移动到初始位置

停止所有角色的程序

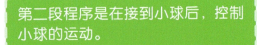
小球的程序比较复杂,而且要求同时执行,第一段程序用来判断是否接到小球,没接到就会停止运行程序。

第二段程序是在接到小球后,控制小球的运动。

小球的第二段程序

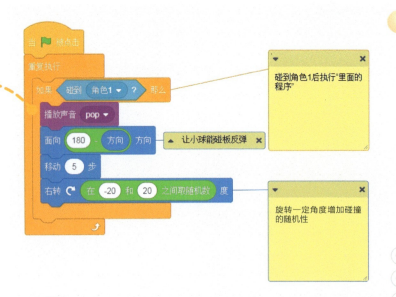

碰到角色1后执行"里面的程序"

让小球能碰板反弹

旋转一定角度增加碰撞的随机性

第一课 良好的程序习惯

小球的第三段程序

没碰到边缘时按原方向直行，碰到边缘后反弹

第三段程序是小球在没有碰板，也没有碰红色底边时自由运动的控制程序。

小球的完整程序

19

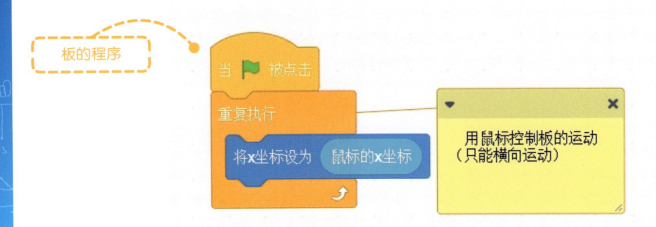

因为只要求板随鼠标横向移动，所以让板和鼠标的横坐标保持一致即可。

作业 HOMEWORK

请大家把接弹球的程序，改成双人的乒乓球程序，然后加上注释吧！

小猴皮皮：猴博士，您知道科技馆里测反应时间的机器吗？

猴博士：知道啊，怎么了？

小猴皮皮：我想用Scratch 3.0模拟这个机器，但不太成功，您能帮帮我吗？

猴博士：哦，那你可要好好研究一下"循环"了。

小猴皮皮：重复执行命令我早就会了。

猴博士：不只是重复执行命令，能够实现循环的还有其他命令呢！

"重复执行直到××"命令：不符合判断条件时，反复执行程序块内部的命令，符合条件时向下执行后面的命令。

猴博士：这是有条件的重复执行。

第二课 伟大的循环

"重复执行 ×× 次" 命令：不断执行程序块内部的命令，并记录运行次数，当达到要求的次数时，向下执行后面的命令。

猴博士：这里还有可以控制次数的重复执行。这些都能实现重复执行，但是它们会有特殊效果。

小猴皮皮：我想编写的程序应该用哪个呢？

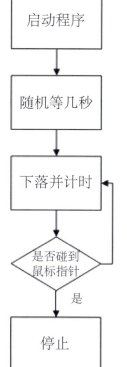

猴博士：你需要用到的就是第一种，有条件的重复执行。你的程序应该是这样的流程。

猴博士：我们首先添加一个小球角色，然后再按照流程图的步骤编写程序。

由于程序中只有一个角色，所以选择适用范围时可以任意选择。

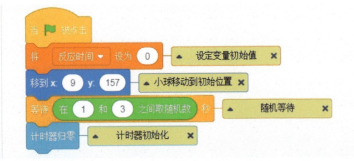

第二课 伟大的循环

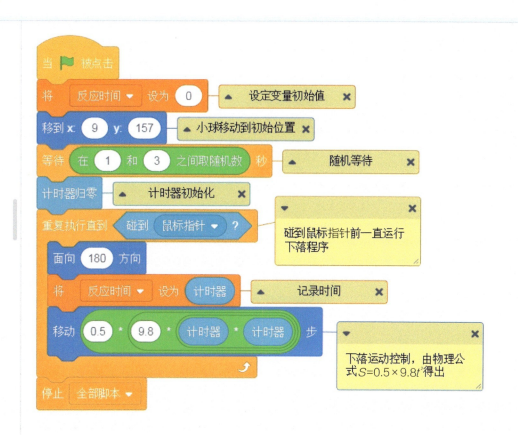

小猴皮皮：原来是这样啊，猴博士，还是您厉害！

猴博士：小猴皮皮，既然你已经会了这两种循环的方式，不如你模拟一下商场的霓虹灯吧。

小猴皮皮：好啊，让我先来设计一下。

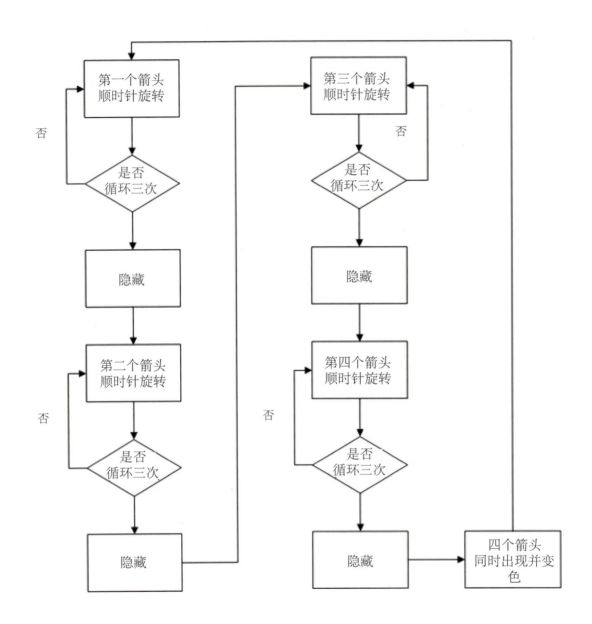

第二课 伟大的循环

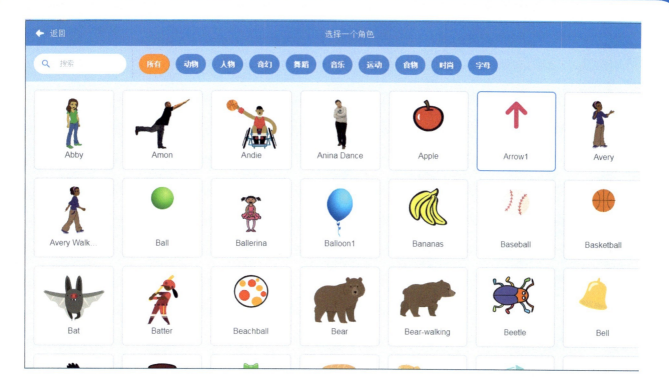

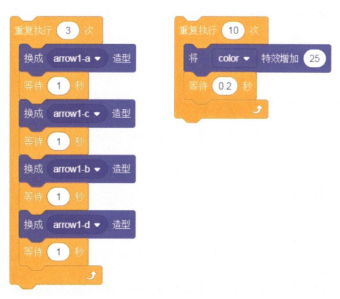

顺时针旋转其实是利用了箭头朝着四个方向的造型，让这四个造型按顺序变换就实现了顺时针的变化。

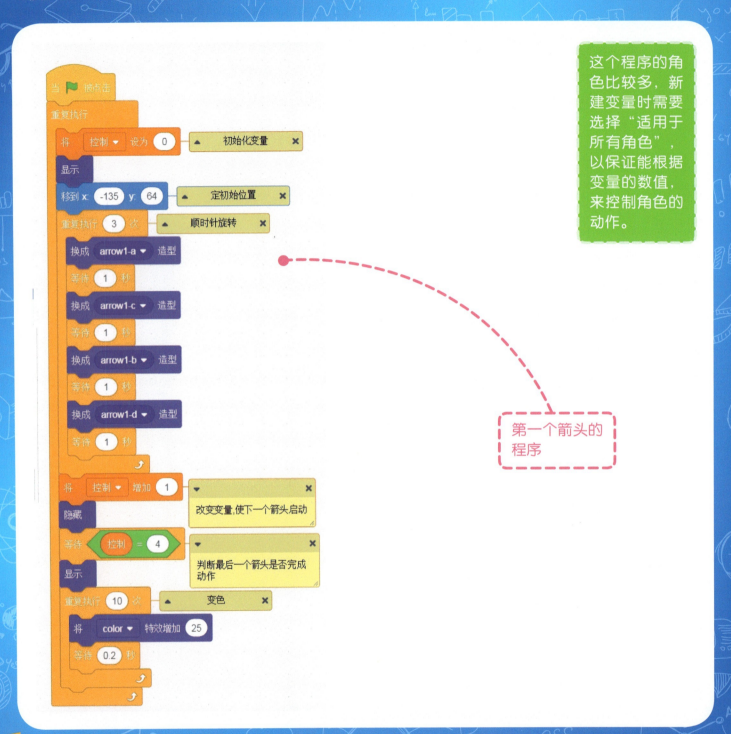

第二课 伟大的循环

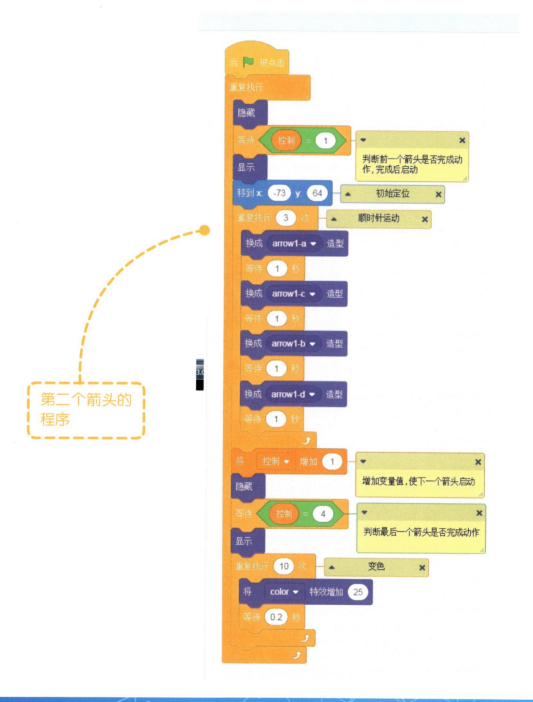

第二个箭头的程序

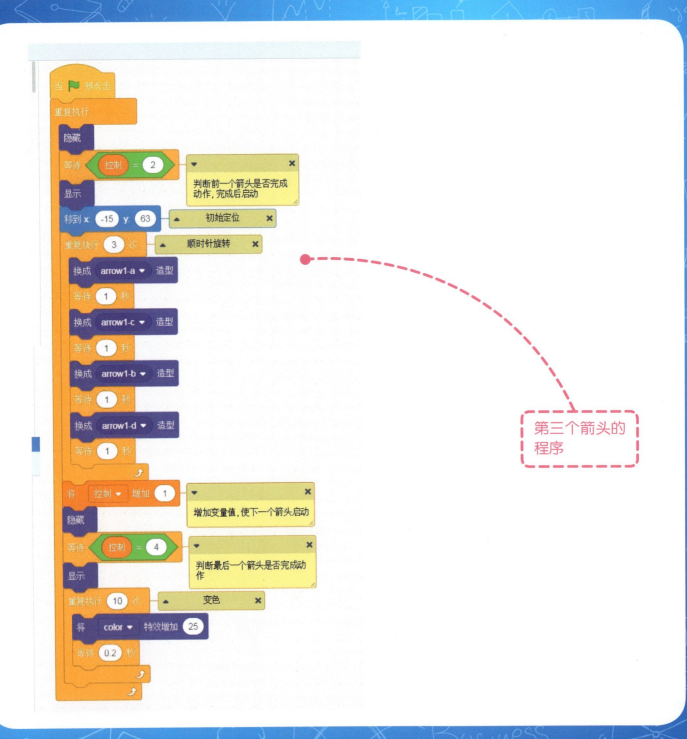

第二课 伟大的循环

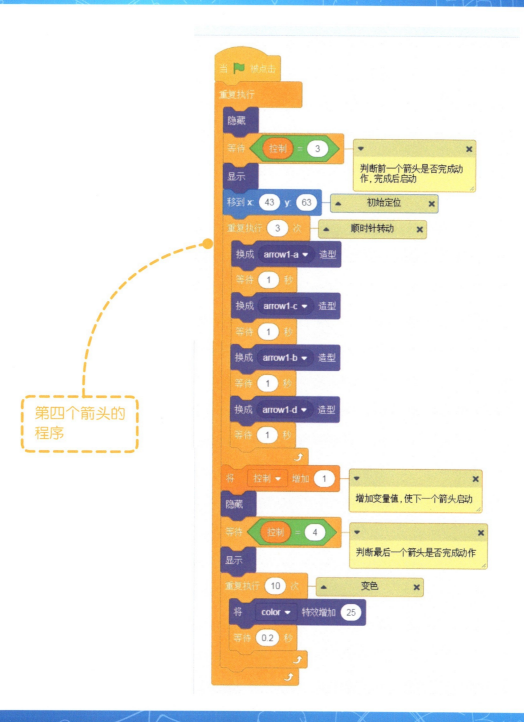

猴博士：做得很好，小猴皮皮！我记得你很喜欢听音乐，要不你试试自己模拟一个音乐播放器？

小猴皮皮：好，让我来试试。

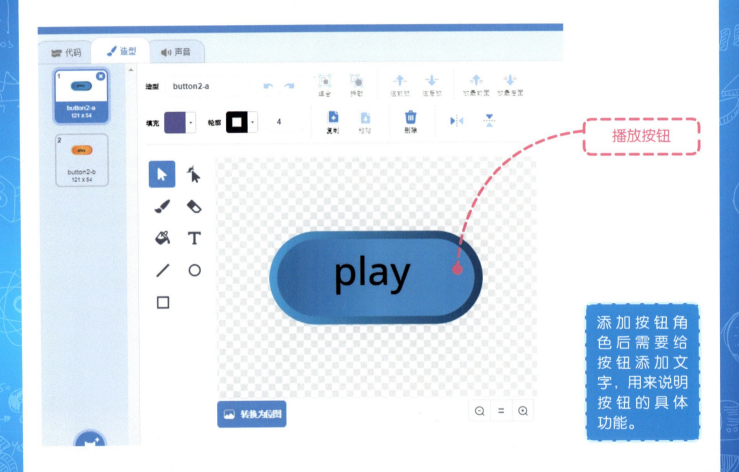

播放按钮

添加按钮角色后需要给按钮添加文字，用来说明按钮的具体功能。

第二课 伟大的循环

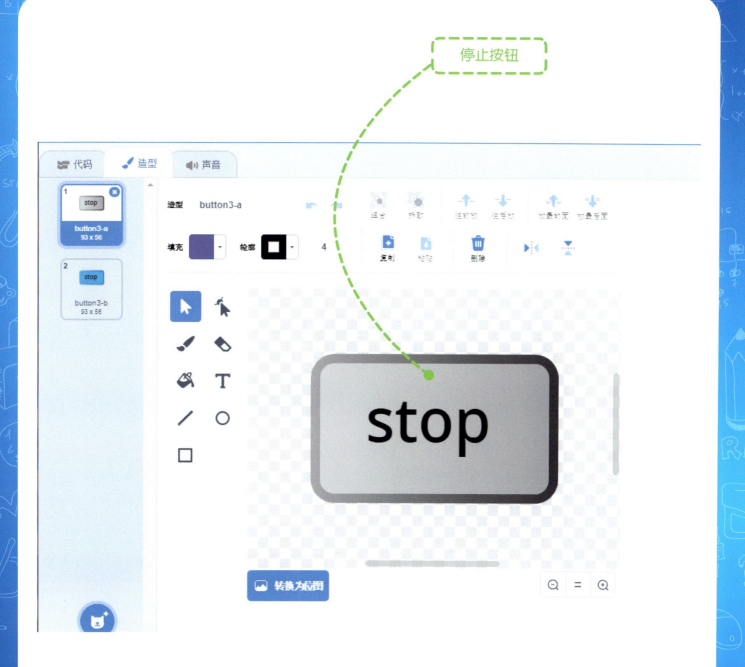

小猴编程：Scratch 3.0 趣味少儿编程（提高篇）

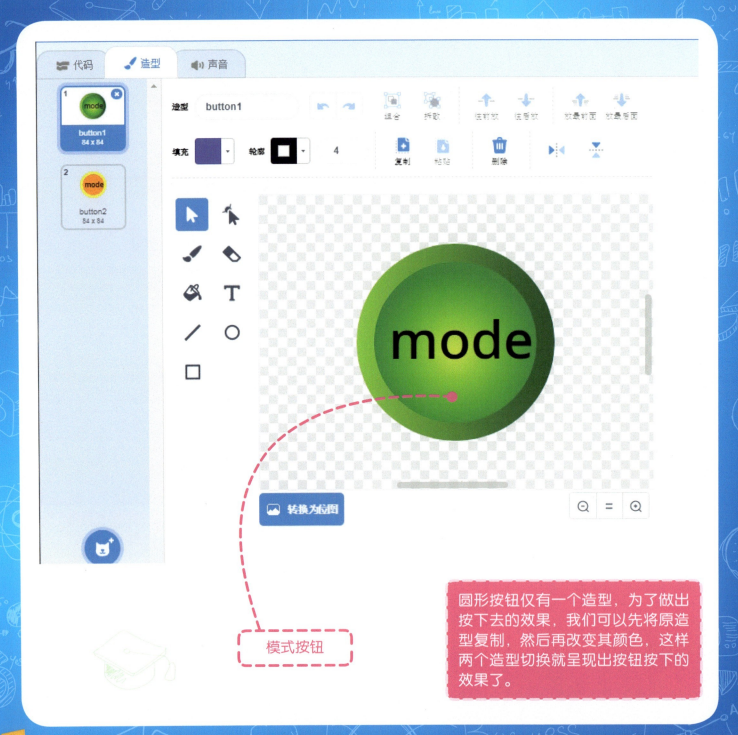

第二课 伟大的循环

星星角色用来播放音乐，当然也可以直接利用背景来编写播放音乐的程序。

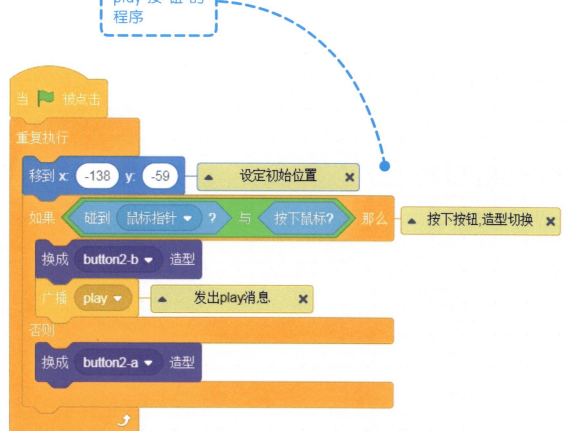

play按钮的程序

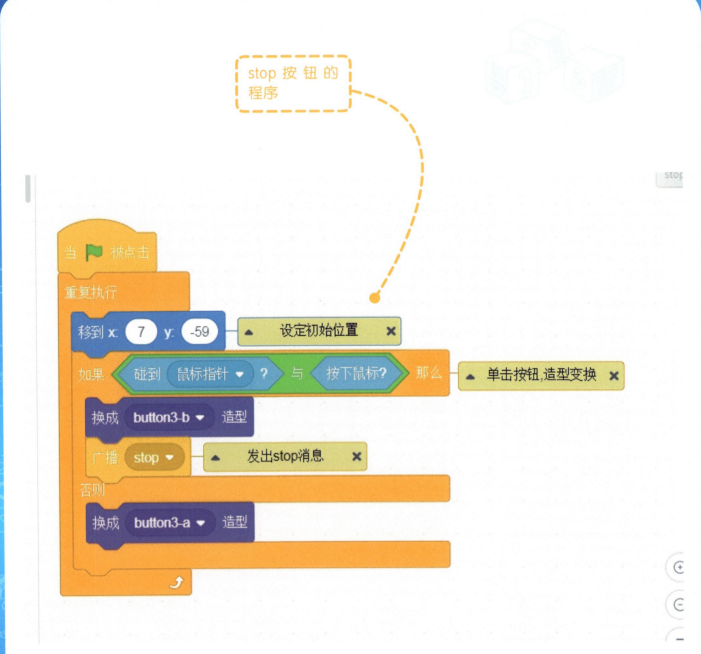

第二课 伟大的循环

mode 按钮的程序

判断鼠标"是否按下"和"是否抬起"是用来判断是否完成一次完整的单击鼠标过程。从而实现每单击一次，改变一次模式。

当接收到 play

如果 小星星 = 1 那么　　　顺序播放

- 演奏音符 60 0.5 拍
- 演奏音符 60 0.5 拍
- 演奏音符 67 0.5 拍
- 演奏音符 67 0.5 拍
- 演奏音符 69 0.5 拍
- 演奏音符 69 0.5 拍
- 演奏音符 67 1 拍
- 演奏音符 65 0.5 拍
- 演奏音符 65 0.5 拍
- 演奏音符 64 0.5 拍
- 演奏音符 64 0.5 拍
- 演奏音符 62 0.5 拍
- 演奏音符 62 0.5 拍
- 演奏音符 60 1 拍

否则

当接收到 stop
停止 该角色的其他脚本

通过对变量的判断来决定是顺序播放还是单曲循环。

第二课 伟大的循环

否则
重复执行直到 小星星 = 1　　　　▲　单曲循环　✕
　　演奏音符 60 0.5 拍
　　演奏音符 60 0.5 拍
　　演奏音符 67 0.5 拍
　　演奏音符 67 0.5 拍
　　演奏音符 69 0.5 拍
　　演奏音符 69 0.5 拍
　　演奏音符 67 1 拍
　　演奏音符 65 0.5 拍
　　演奏音符 65 0.5 拍
　　演奏音符 64 0.5 拍
　　演奏音符 64 0.5 拍
　　演奏音符 62 0.5 拍
　　演奏音符 62 0.5 拍
　　演奏音符 60 1 拍

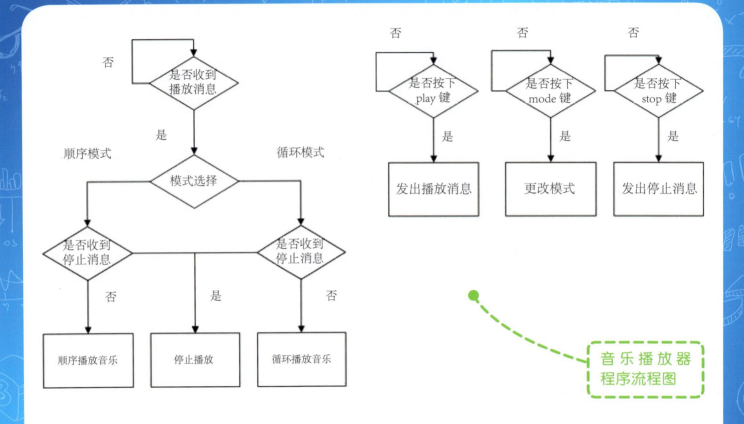

音乐播放器程序流程图

作业 HOMEWORK

大家可以改进音乐播放器，做一个模式更多的音乐播放器，快来试试吧！

小鸟云云：小猴皮皮，我想做一个"电子花园"，你能帮我设计一下吗？

小猴皮皮：当然可以了，我们先从花园的工具来设计吧，首先设计一个浇花用的水壶。

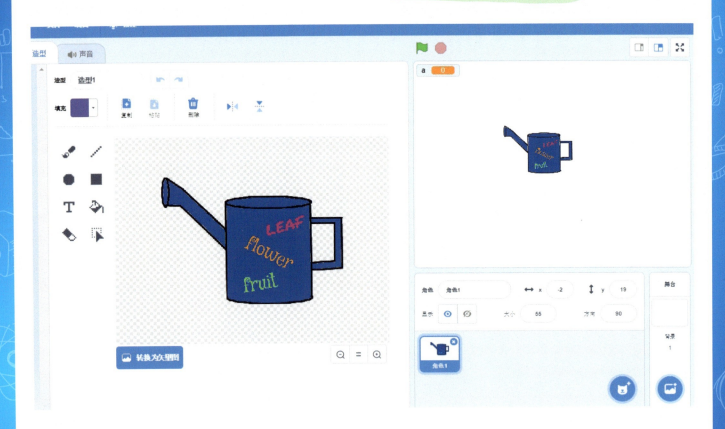

小猴皮皮：我们把水壶角色调小一些。

第三课 我的决定

小猴皮皮：现在我们定义一下浇水时水壶的动作。

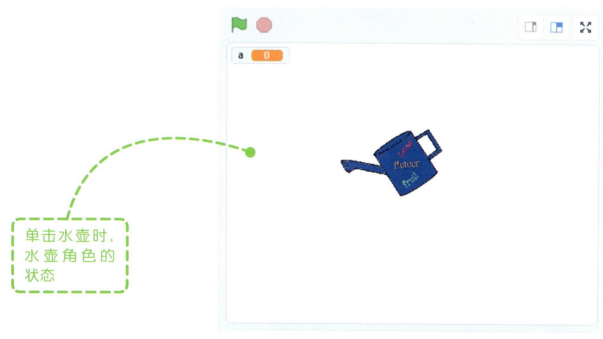

单击水壶时，水壶角色的状态

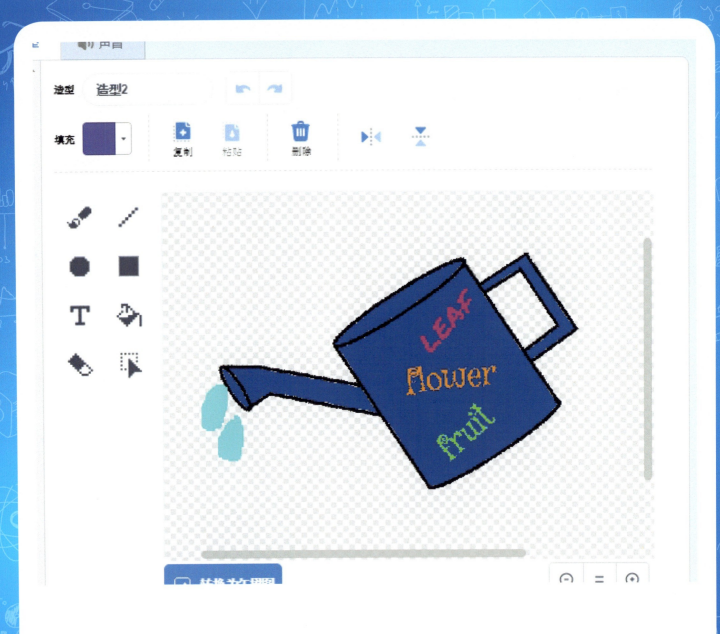

我们定义出多个浇水的造型，然后让这几个造型依次切换，这样就可以做出不断浇水的效果了。

第三课 我的决定

碰到"鼠标指针"的下拉菜单，还可以选择其他角色。
无论是否在角色上单击鼠标，只要单击"按下鼠标"，就会触发条件。

小鸟云云：水壶制作好了，我们是不是该制作花园了？

小猴皮皮：是啊，别着急，我们先把花盆制作出来。

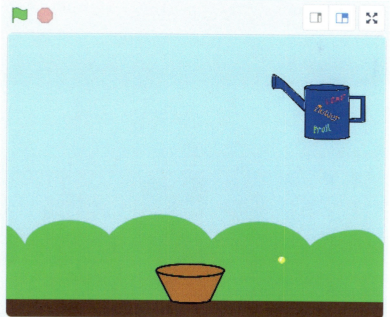

小猴皮皮：然后，我们再画一个种子。

小鸟云云：你能让种子发芽吗？

画好种子后要把造型的中心定在种子的中心。

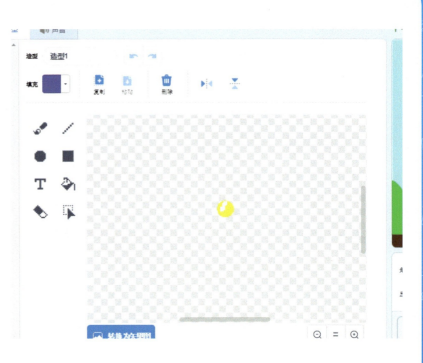

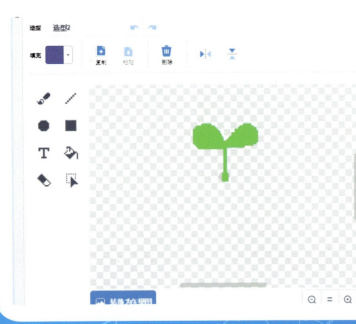

小猴皮皮：当然可以，我不仅能让它发芽，还能让它开花呢！让我给它添加几个造型。

注意：做出发芽的造型以后，要重新定义造型的中心，把中心定在"小苗儿"的根部。

第三课 我的决定

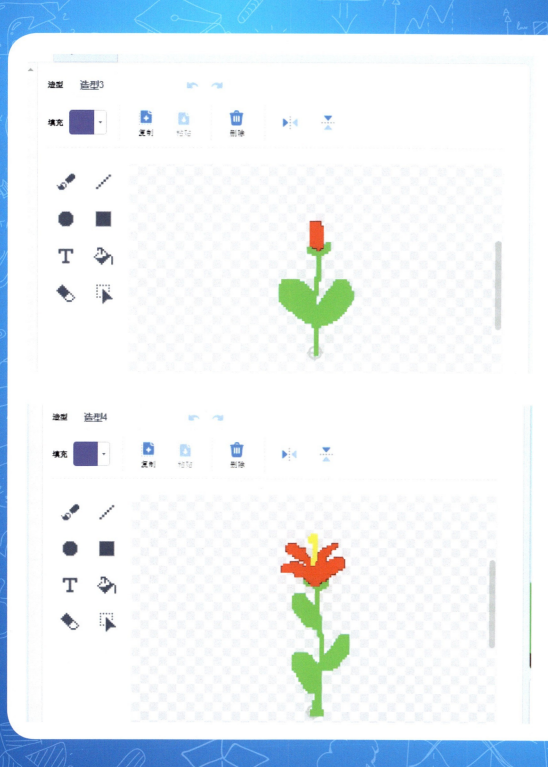

注意：同一角色有不同造型时需要考虑不同造型的中心位置，从而保证动画有良好的效果。

小猴皮皮：现在只需要让这些造型按顺序切换，就能看到种在花盆里的花开花了。

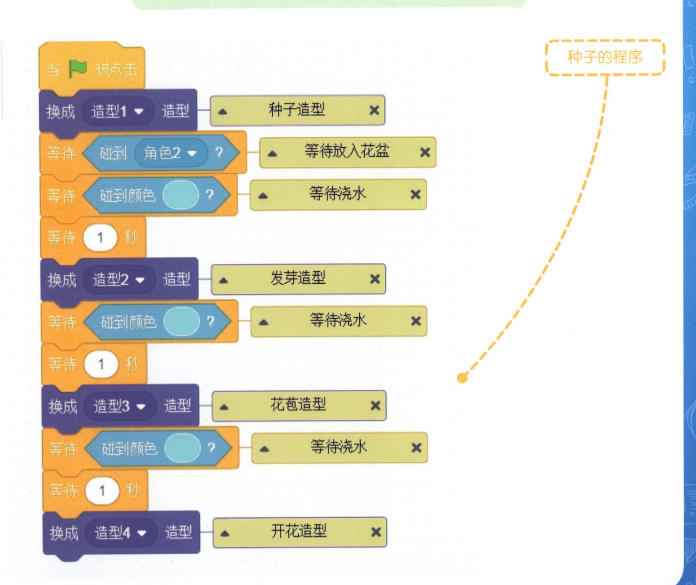

种子的程序

第三课 我的决定

> 使用"碰到颜色"命令,只需要在颜色块上单击一下,然后移动鼠标到需要检测的颜色上再单击一下就行了。

小猴皮皮:"碰到颜色"命令,我们以后会经常使用的,小鸟云云,你要记住哦!

小鸟云云:好的,我已经学会啦!

小猴皮皮:小鸟云云,你还记得上回在猴博士家看到的过障碍的游戏吗?

小鸟云云:记得啊,你是不是想模拟一个?

小猴皮皮:是啊,我们现在就试试吧!

小鸟云云:咱们就用Scratch 3.0的那只小猫当主角吧!

把小猫缩小

小猴皮皮：现在该设置障碍了。

第三课 我的决定

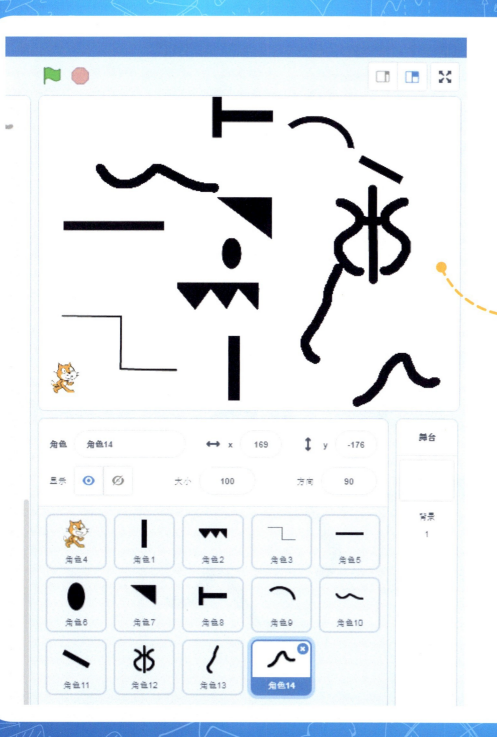

障碍都设置成单独的角色,而且造型各异,这样可以随意摆放。

由于障碍只是阻碍小猫通过,所以不需要编程

小鸟云云：我们还要设置一个安全区。

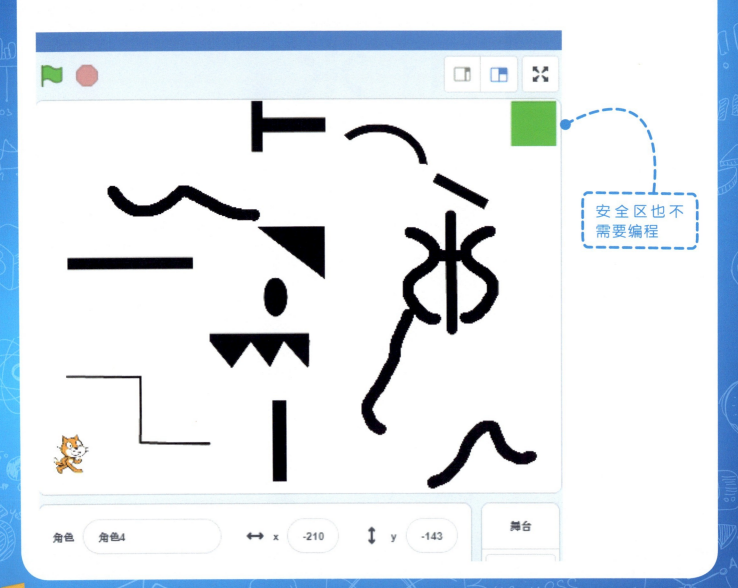

安全区也不需要编程

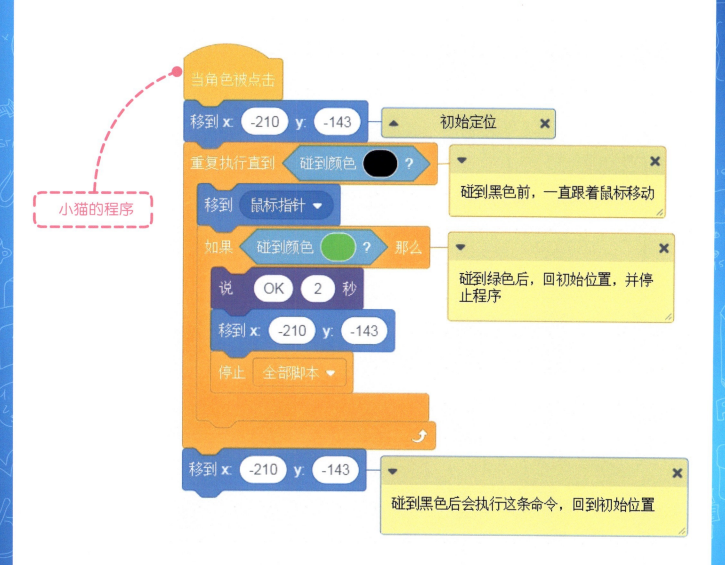

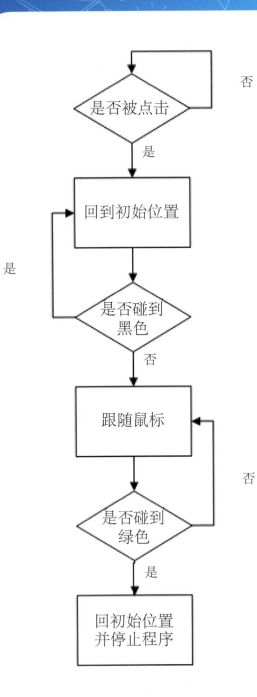

作业 HOMEWORK

大家可以多熟悉一下碰到颜色命令,然后做一个捡金币的小程序吧!

猴博士：小猴皮皮、小鸟云云、大猩猩黑客，你们三个打字的速度实在是太慢了！

小猴皮皮：哦，猴博士，我会好好练的。

大猩猩黑客：我觉得已经很快了啊！

小鸟云云：猴博士，我已经手忙脚乱了，怎么才能提高速度啊？

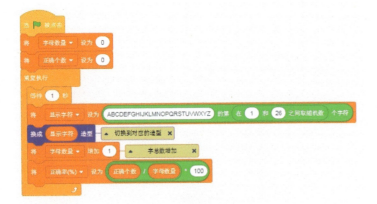

猴博士：来吧，我已经给你们开发了一个打字练习程序，帮你们提高打字速度，过来看看吧！

第四课 复杂的决定

大猩猩黑客：喔！好复杂啊！

猴博士：别害怕，其实没有那么难，它的原理很简单，我讲一遍你们就都懂了。

猴博士：首先，我们需要一个字母的角色。

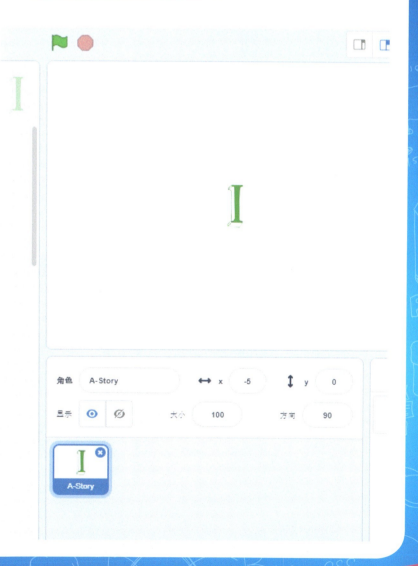

猴博士：然后，我们给这个角色添加造型，26个字母的造型都要添加哦！

提示：每个造型都有编号和名称，编号在造型的左上角，名称在造型的下面。对于这个程序来说，我们就可以利用编号和名称实现造型的变换和逻辑判断。

确保造型的名称和造型所显示的字母保持一致

第四课 复杂的决定

在 Scratch 3.0 中变量可以分为全局变量和局部变量，全局变量适用于所有角色，而局部变量仅适用于当前角色。

适用于所有角色的变量，在给任何一个角色编程时都能在"数据"这一栏中看到；而仅适用于当前角色的变量，只能在所定义的角色中看到。

在变量前面的框中打勾，可以在屏幕上显示变量的数值

猴博士：我们一共建立了5个变量，"正确个数"用来计算打字正确的个数，"按下按键"用来存储我们按了哪个按键，"字母数量"是训练中的字母总数，"显示字符"是用来控制当前显示什么字母，而"正确率（％）"则是用来显示正确个数在字母数量中所占的百分比。

59

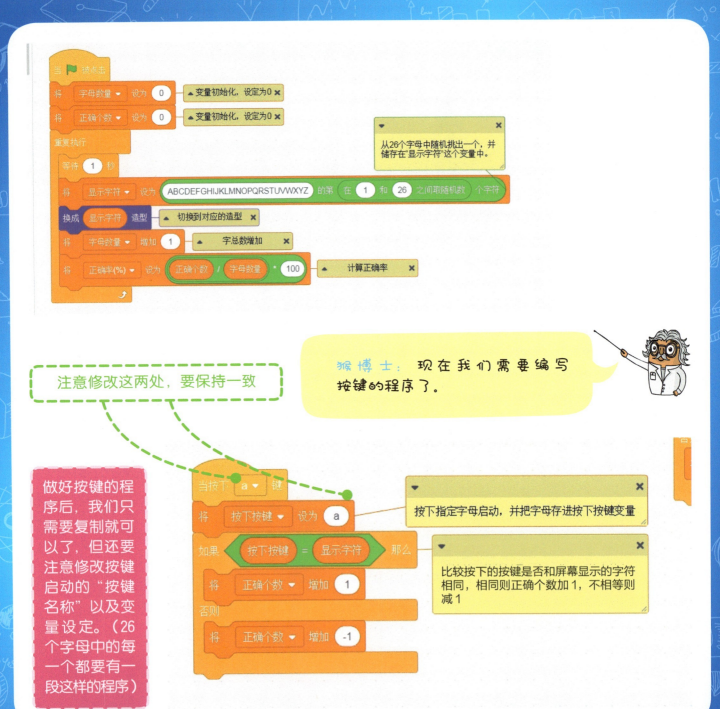

第四课 复杂的决定

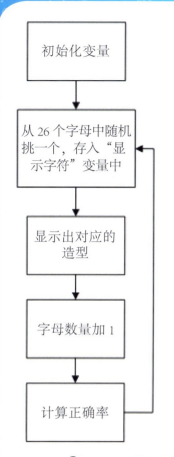

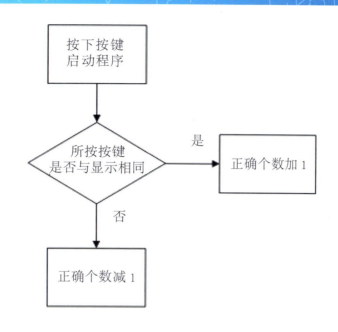

 大猩猩黑客：猴博士，您太厉害了！

 小鸟云云：这下练习打字可方便多了，谢谢您，猴博士！

 小猴皮皮：太棒了，猴博士！

 大猩猩黑客：猴博士，您编写了这么厉害的程序，我太佩服您了！我最近也在努力编写程序，我也给您看看我的成果吧！

猴博士：好啊，快给我们看看！

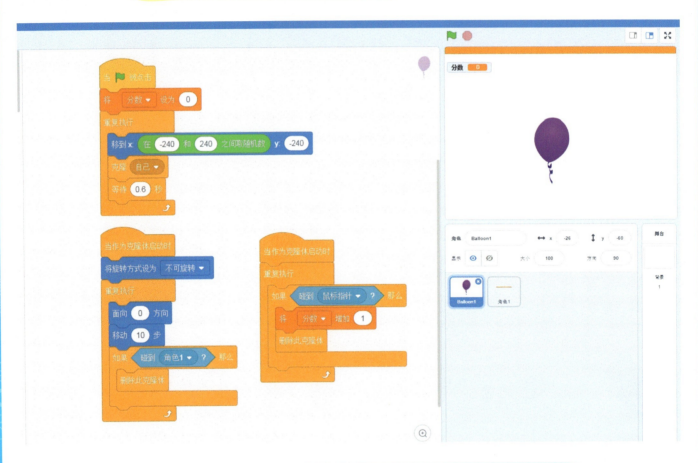

大猩猩黑客：这是我做的打气球的程序，首先我添加了一个气球的角色。

第四课 复杂的决定

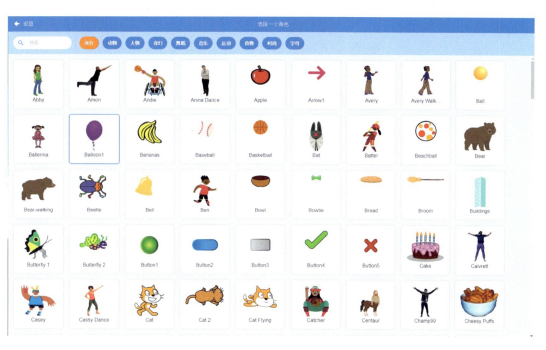

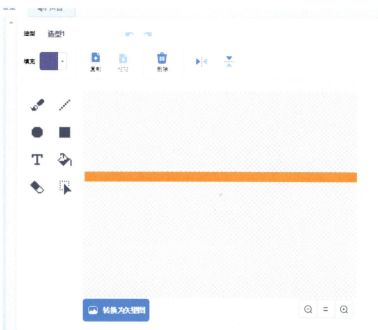

大猩猩黑客：然后自己画一个长方形角色，放在顶端。另外，这个角色就是用来判断的，所以不需要编写程序。

气球的第一段程序

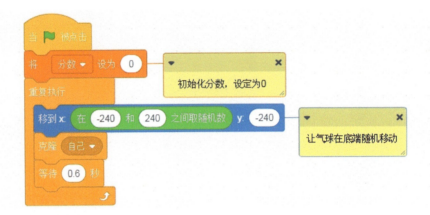

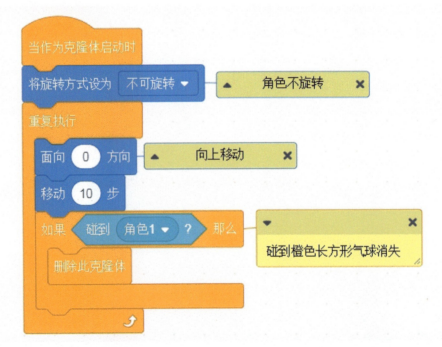
气球的第二段程序

第四课 复杂的决定

气球的第三段程序

用鼠标指针碰气球,气球消失,并加分

猴博士:不错,程序编写得很好!

小猴皮皮:猴博士,您看看我编写的程序吧,我也有新成果哦!

猴博士:哦?快给我们看看!

小猴皮皮：其实这个程序，我只编写了一部分，但基本功能都实现了。我编写了一个模拟台球的程序。

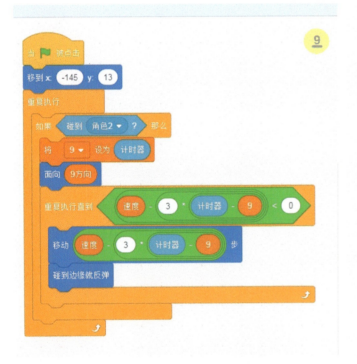

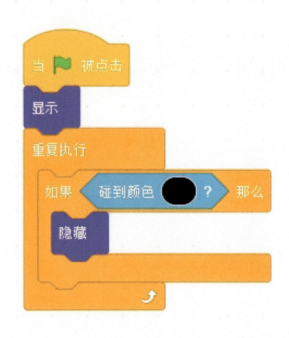

小猴皮皮：首先我们要建立两个"球"的角色，一个是白色母球，另一个我选了9号球。

第四课 复杂的决定

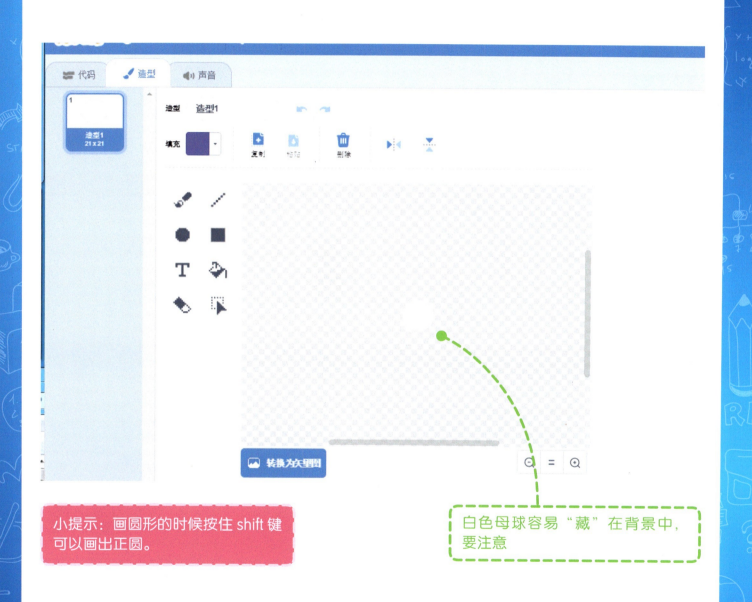

小提示:画圆形的时候按住 shift 键可以画出正圆。

白色母球容易"藏"在背景中,要注意

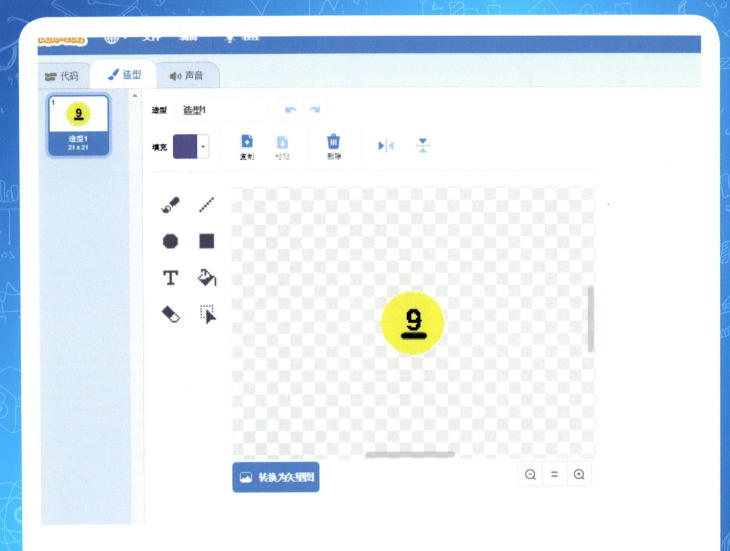

小猴皮皮：然后把背景画成台球桌的样子。

第四课 复杂的决定

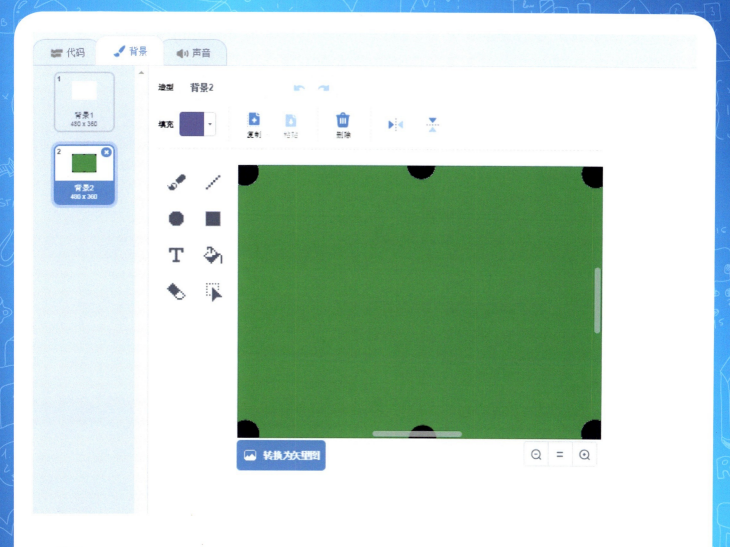

小猴皮皮：然后，我们就要对两个角色编写程序了。

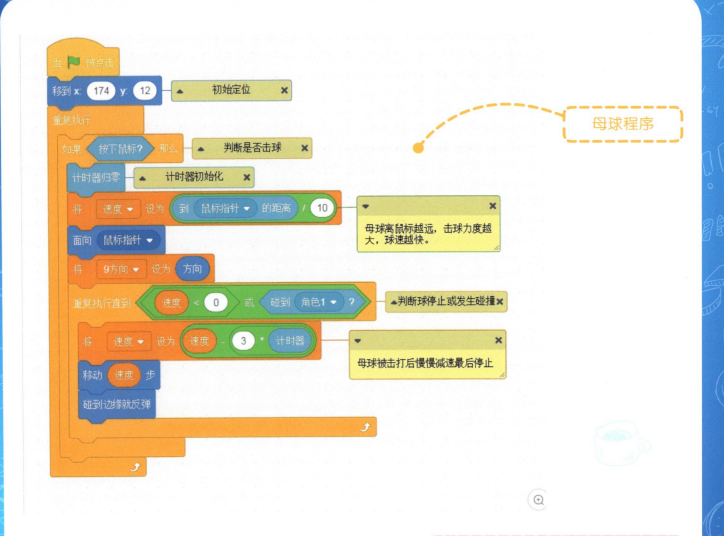

母球程序

提示：计时器是一直运行的，与程序是否启动无关，所以要注意使计时器归零，以保证程序正确。

小猴皮皮：这个程序，我设计了3个变量。

第四课 复杂的决定

速度变量是用来控制母球速度的。
9方向是控制9号球运动方向的。
9变量则是在9号球被碰撞后重新计时用的,由于计时器仅有一个,所以用变量来存储计时器的数据

9号球的程序

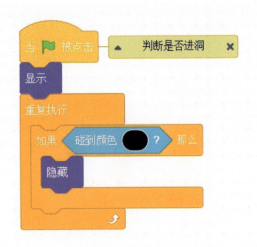

9号球是否进洞的判断程序

小鸟云云：小猴皮皮，你太厉害了！

猴博士：很棒！小猴皮皮，你可以再改进改进，让这个程序更逼真！我很期待啊！

作业 HOMEWORK

相信你已经知道怎么编写台球的程序了，现在试试改进一下，让这个程序更逼真吧！

小鸟云云：小猴皮皮，你来帮帮我吧！

小猴皮皮：怎么了？

小鸟云云：上次猴博士讲"侦测"的时候讲得太快了，我没听明白，不太会用按键来控制。

小猴皮皮：哦，原来是这样啊！我来给你讲，我们就以上次猴博士讲的"过马路"程序为例吧！首先，我们画出马路的背景。

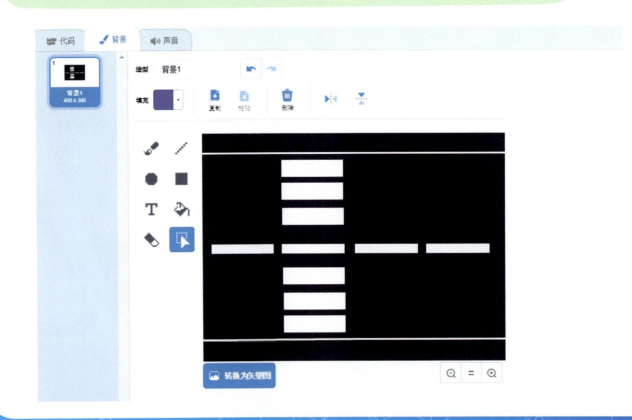

第五课 我是设计师

小猴皮皮：然后，我们添加角色。

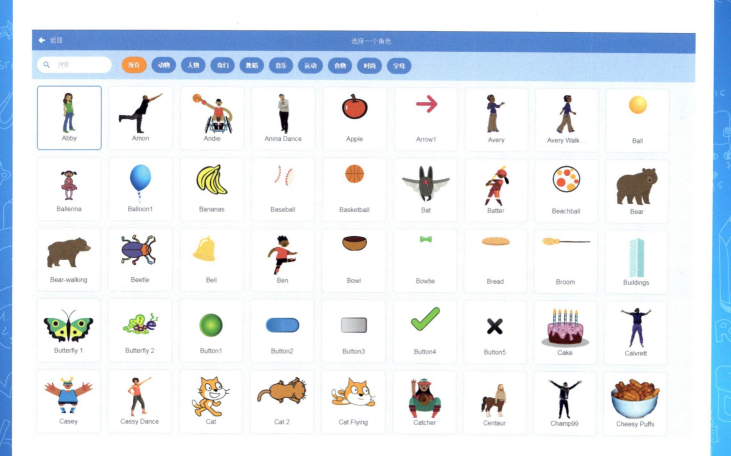

小猴皮皮：现在我们来编写程序。

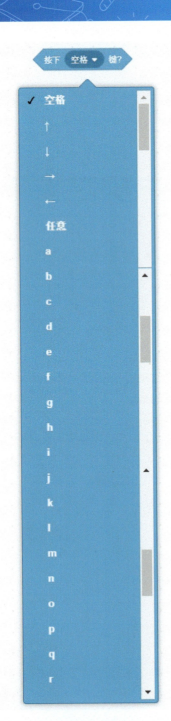
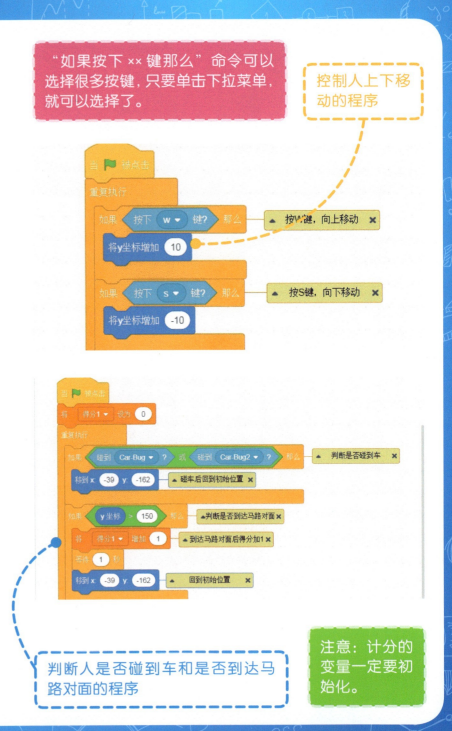

"如果按下××键那么"命令可以选择很多按键,只要单击下拉菜单,就可以选择了。

控制人上下移动的程序

判断人是否碰到车和是否到达马路对面的程序

注意:计分的变量一定要初始化。

第五课 我是设计师

小猴皮皮：现在我们开始添加车辆。

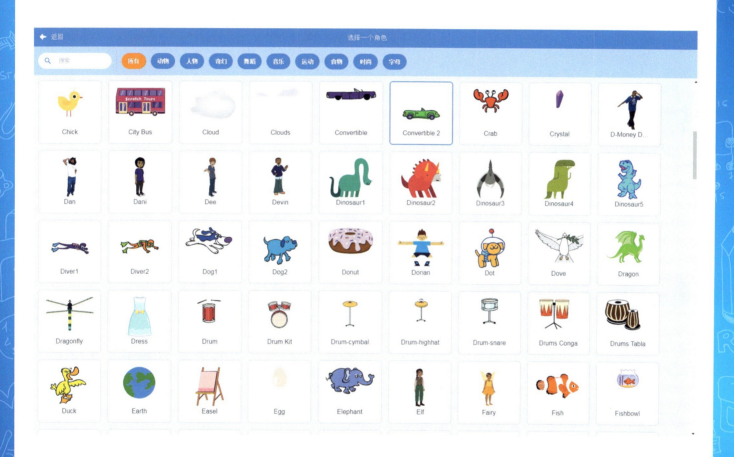

小猴皮皮：车辆的程序比较简单，只需要来回走就行了，但是我们要注意设定它们的旋转方式。

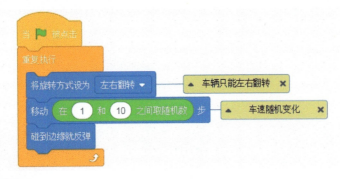

小猴皮皮：想要更多的车辆直接复制就可以了。

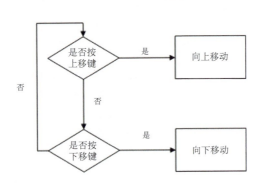
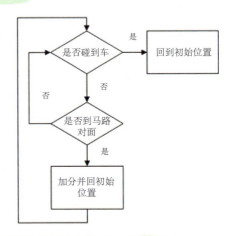

小猴皮皮：这样就可以了。其实我们还可以改进一下，把它变成一个双人操作的游戏。小鸟云云，要不你自己试试看？

小鸟云云：让我想想。我可以直接复制任务，然后修改造型和控制按键，像这样。

第五课 我是设计师

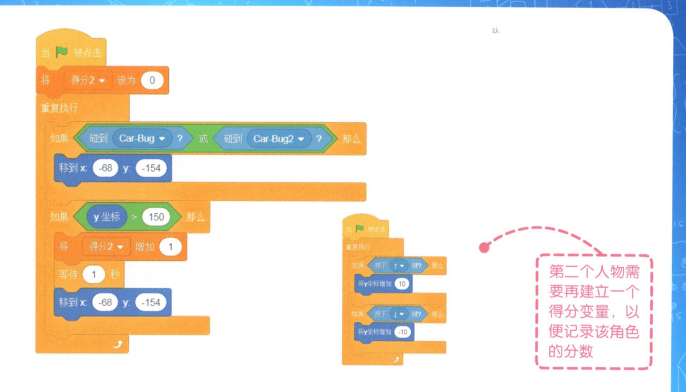

第二个人物需要再建立一个得分变量,以便记录该角色的分数

小鸟云云:你看,我把任务造型换成了"Abby",然后又修改了控制按键,这就行了。

小鸟云云:哦,对了我也给我的任务设计一个得分的变量。

小猴皮皮:嗯,完全正确!不过我还要在你现在程序的基础上改进一下,让咱们可以用这个程序比赛。

小猴皮皮：先让我来改造一下背景。

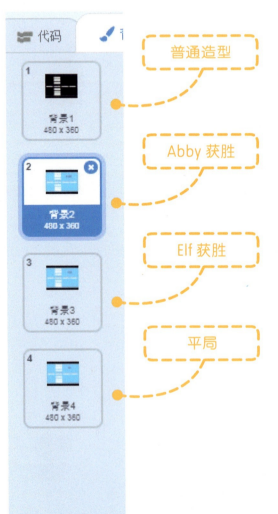

- 普通造型
- Abby 获胜
- Elf 获胜
- 平局

小猴皮皮：然后在背景上编程，来判断两个角色的得分。

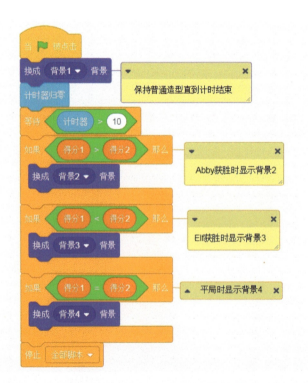

第五课 我是设计师

小猴皮皮：这样就完成了，其实改进就是增加了对得分的判断而已。对了，小鸟云云，我还编写了一个"拔河"的程序，给你看看！

小鸟云云：好啊！

小猴皮皮：首先我添加了一个拔河的人物。然后又复制了这个人物，还改了造型。

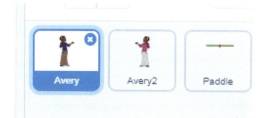

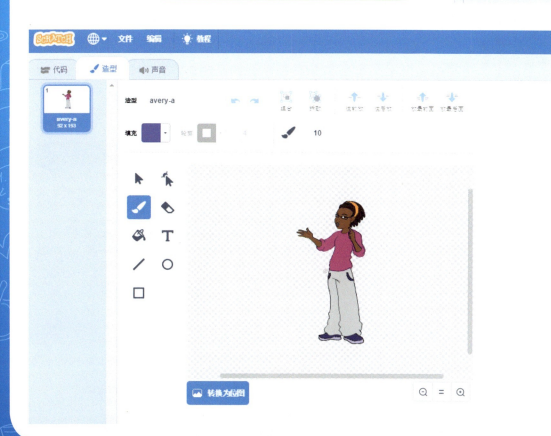

修改这个造型，可以使用右上角的"翻转"按钮，然后再更改服装颜色就可以了。

81

小猴皮皮：然后我们还要画一条绳子，以及地上的标志线。

标志线不仅可以采取添加角色的方法，也可以直接修改背景。

小猴皮皮：现在我们就可以编写程序了。

这个变量是用来决定人和绳子朝哪个方向移动的。

角色 Avery 的程序

第五课 我是设计师

小猴皮皮：另外两条白线是用来增加视觉效果的，没有任何的判断和动作，所以不需要编程。

这个程序的关键在于检测按键按下和抬起的全过程，完成一次按键就改变一次变量，从而改变一次位置。（这个程序最后是谁按键按得快，谁就获胜）

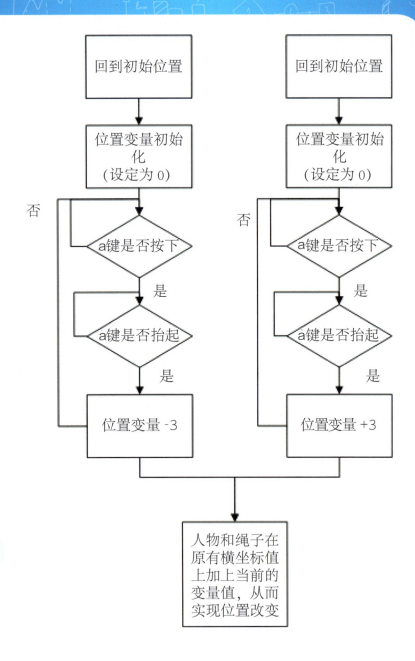

作业 HOMEWORK

让我们做一个赛跑比赛的小程序吧，谁按键按得快，谁就跑得快！

猴博士：大猩猩黑客，你怎么又玩上游戏了？

大猩猩黑客：是猴博士啊！我刚开始玩，我已经一周都没玩过游戏了！

猴博士：你想知道游戏是怎么编写的吗？

大猩猩黑客：您知道？

猴博士：当然知道，今天就让你看看游戏是怎么编写的！

猴博士：让我想想，编写一个什么游戏好呢？嗯，就做一个打地鼠游戏吧！

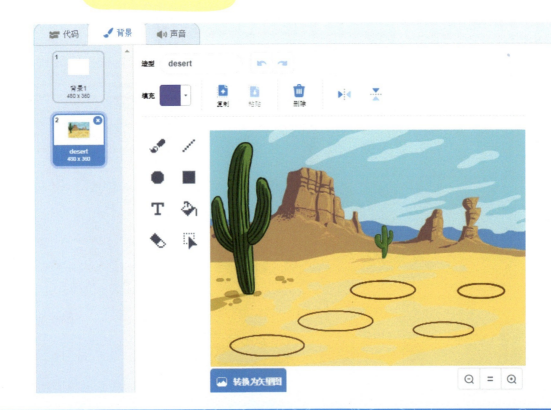

第六课 我的小游戏

猴博士：我们先在背景上画出几个地洞。然后添加一个地鼠的造型，并复制、修改。

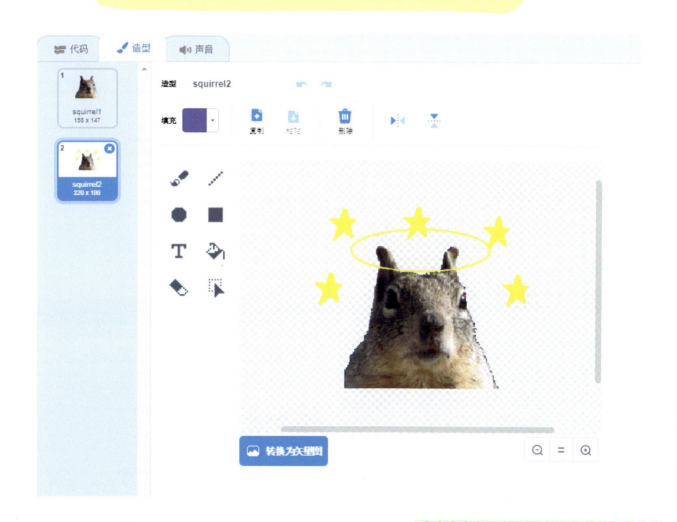

地鼠需要两个造型，一个是平时的造型，另一个是被打中时的造型。

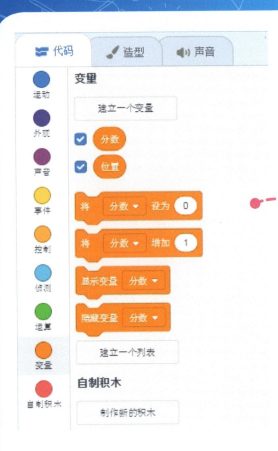

位置变量决定地鼠在哪个地洞出现;分数变量则显示打中的次数

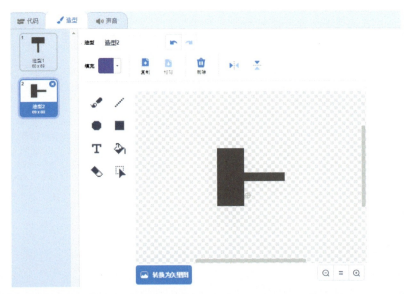

第六课 我的小游戏

猴博士：我们再做一个锤子的角色，做出抬起和打下的造型。

地鼠随机出现的程序

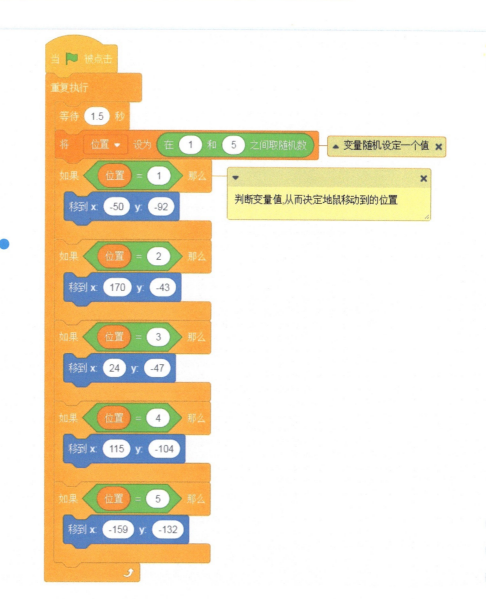

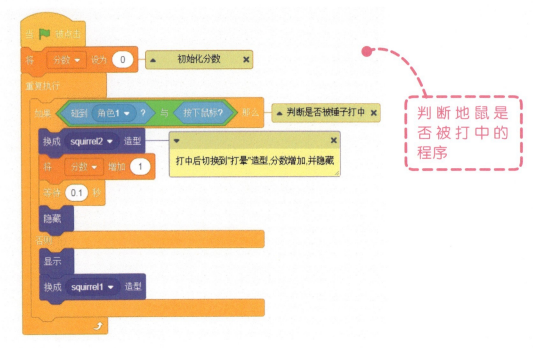

判断地鼠是否被打中的程序

在我们的Scratch 3.0中，坐标指的是平面直角坐标。简单地说就像是把两把尺子一横一竖放置，这样每一个点都会对应一个横坐标和一个纵坐标。

除了我们Scratch 3.0中的坐标，坐标还有空间直角坐标、极坐标、球坐标等。

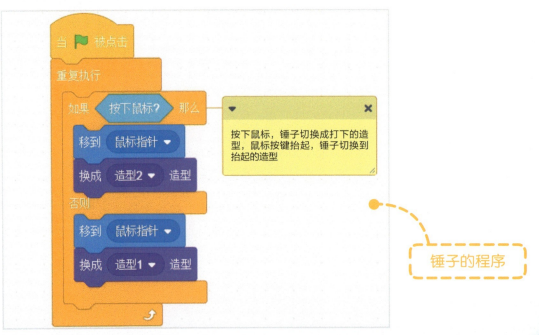

锤子的程序

第六课 我的小游戏

猴博士：好了，打地鼠的程序编写好了，这个程序中最关键的就是"坐标"。我们编写这个程序也是在不断地控制坐标的变化。

大猩猩黑客：猴博士，我玩的flappy bird 您能编写出来吗？

猴博士：没问题，你来看。首先我们把最重要的小鸟角色画出来。

我们 Scratch 3.0 中坐标的确定，是以角色的中心为准的，也就是说我们看到的角色坐标，其实是角色中心的坐标，也正是因为这样，在使用旋转命令时，我们有时才修改角色的中心。

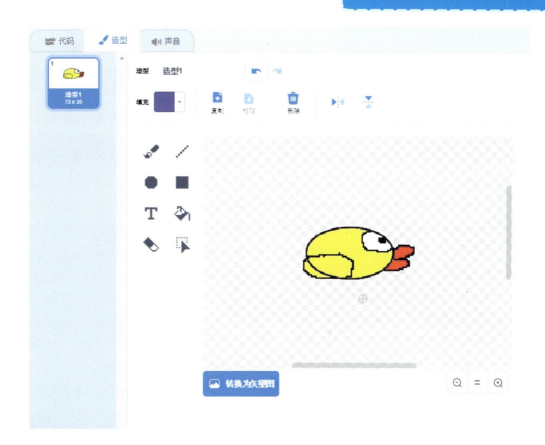

猴博士：我们现在来编写控制程序。

猴博士：小鸟需要按键盘才能往上飞，否则会自动下落，所以我们需要判断是否按下按键。

按键后y坐标增加，即向上运动，否则向下运动

注意："碰到边缘就反弹"命令是必须要有的，这可以保证小鸟不会飞出屏幕。

第六课 我的小游戏

猴博士：我们还需要建立一个"允许碰撞次数的变量"来计算小鸟碰撞了几次。

大猩猩黑客：现在是不是该编写计算小鸟碰撞的程序了？

猴博士：还不行，要计算碰撞，我们首先要有障碍物。

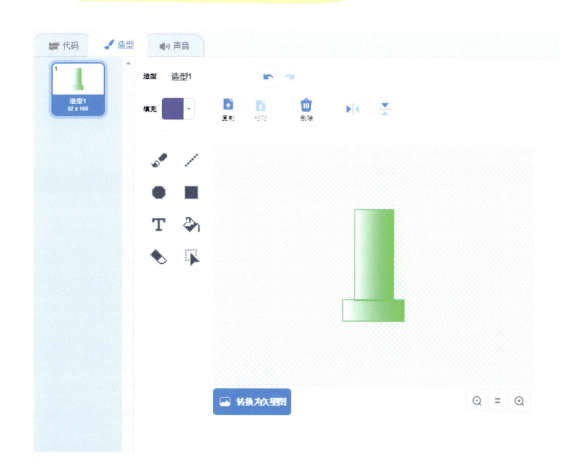

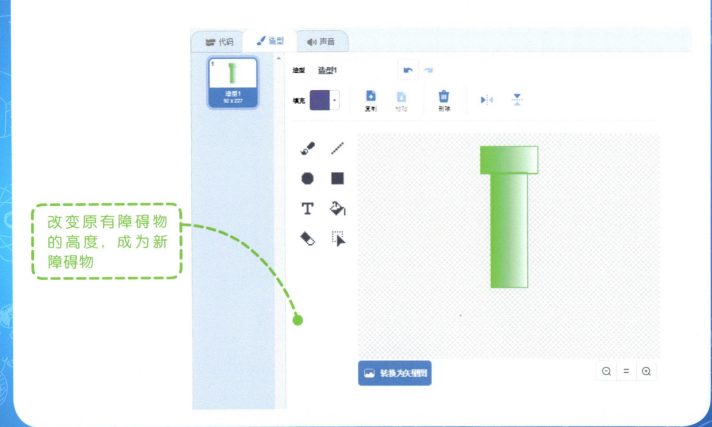

第六课 我的小游戏

对角色始末坐标和等待时间稍作修改

第三个障碍物的造型

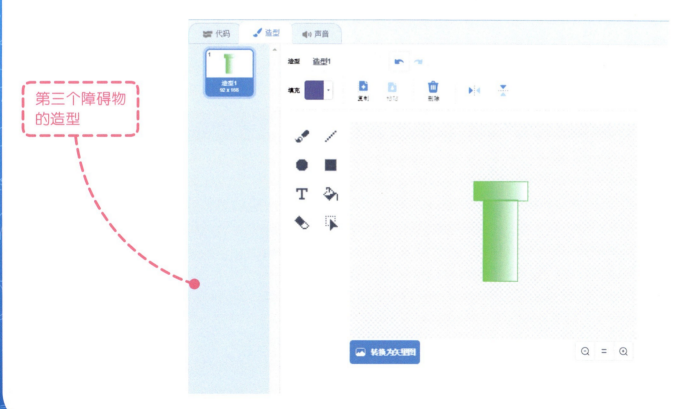

95

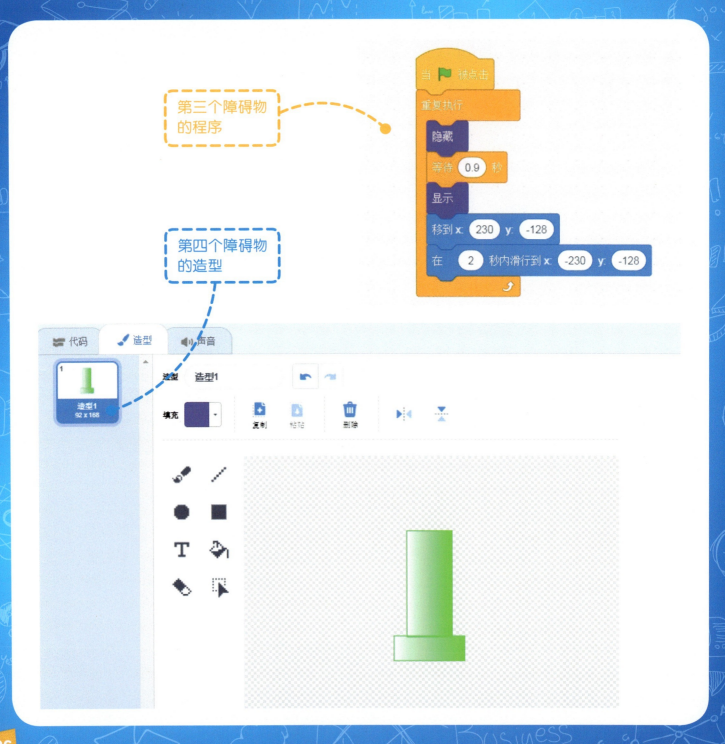

第六课 我的小游戏

第四个障碍物的程序

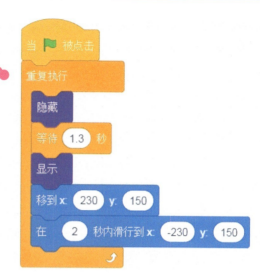

猴博士：这四个障碍物的等待时间都不同，这是保证这些障碍物会分别出现。现在我们可以编写计算小鸟碰撞的程序了。

猴博士：你看 flappy bird 编写好了。

小猴皮皮：猴博士，您还是来看我编写的程序吧！

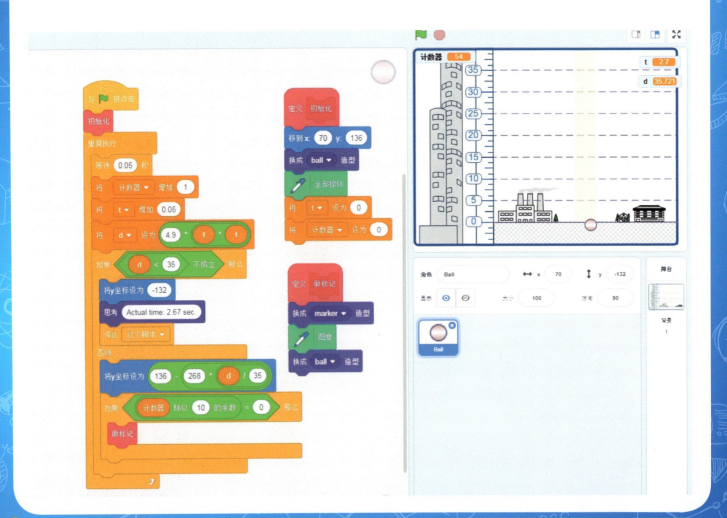

第六课　我的小游戏

小猴皮皮：这是我做的一个模拟自由落体的程序。

小猴皮皮：首先我制作了一个背景。

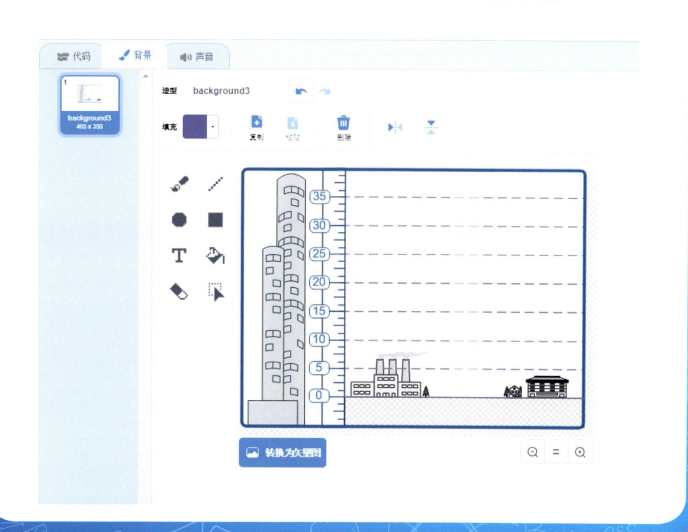

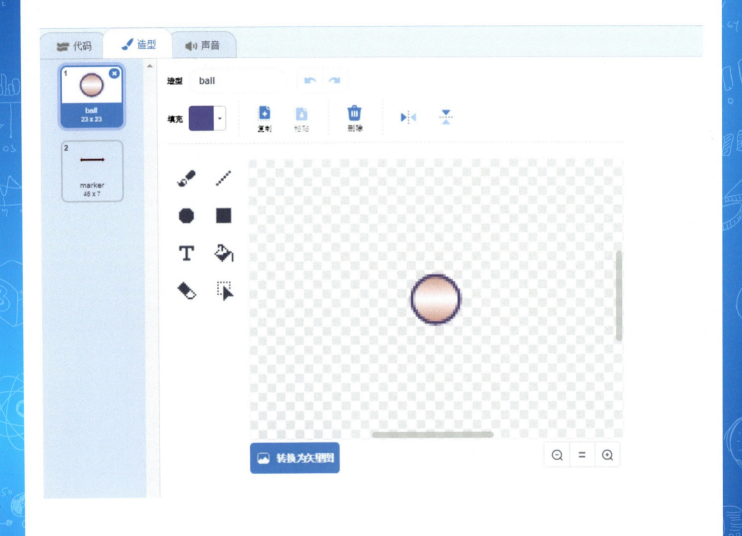

第六课 我的小游戏

小猴皮皮：然后又添加了一个球的角色，并增加了一个双箭头的造型。

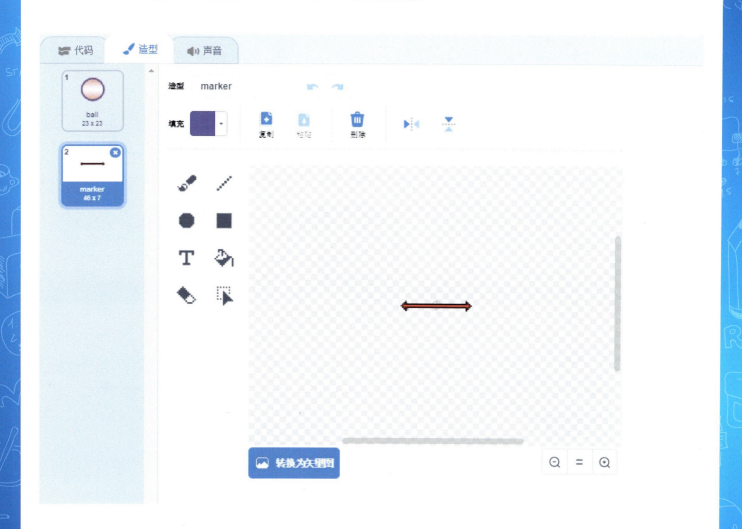

新建积木我们可以给它起个名字,然后自己定义这个积木的功能。其实这就相当于子程序。

子程序也是一段完整的程序,一般是用来反复执行的,我们事先把程序编写好,需要的时候调用它就可以了。这样能够提高程序的运行效率。

小猴皮皮:这次我们用到了新建积木。我定义了两个。

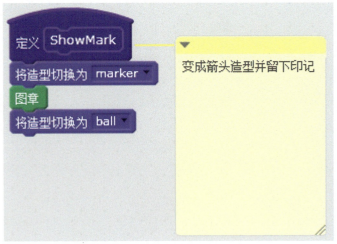

小猴皮皮:在这段程序中我还定义了三个变量。

第六课 我的小游戏

小球初始化的程序。将整个功能定义成一条命令

计数器，是用来控制小球下落时的标记
d 是移动距离
t 则是时间

变成箭头造型并留下印记

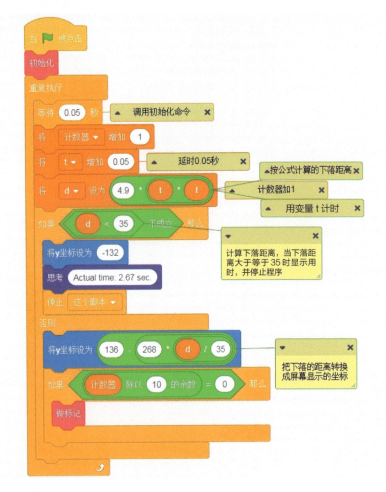

猴博士：自己研究出子程序了，很好！很好！

小猴皮皮：其实，这是参考了以前"测反应"的程序，只是我增加了子程序，另外没有使用计时器。

作业 HOMEWORK

尝试一下，利用控制角色坐标的方法，模拟"保卫萝卜"游戏。

第七课 初级程序员

猴博士：小猴皮皮，知道什么是二进制吗？

小猴皮皮：知道，就是只用0和1来表示数值，逢2进位。

猴博士：对，就是这个，我们的计算机就是利用二进制进行计算的。对了你会把二进制数转换成十进制数吗？

小猴皮皮：这我还不会呢！

猴博士：小鸟云云、大猩猩黑客，你们两个会吗？

小鸟云云：我还没学呢！

大猩猩黑客：猴博士，您快告诉我们怎么算吧！

猴博士：好，我就用程序来告诉大家！首先，我们添加一个背景。

第七课 初级程序员

猴博士：然后添加我们的角色。

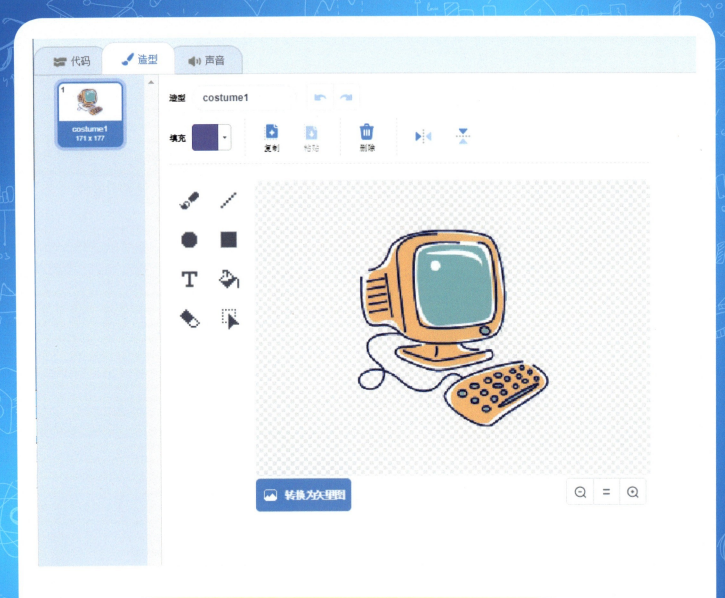

猴博士:然后,我们再添加一个显示数据的角色,注意,由于二进制只有0和1两个数字,所以我们只需要做出"显示0"和"显示1"的两个造型就可以了。

第七课 初级程序员

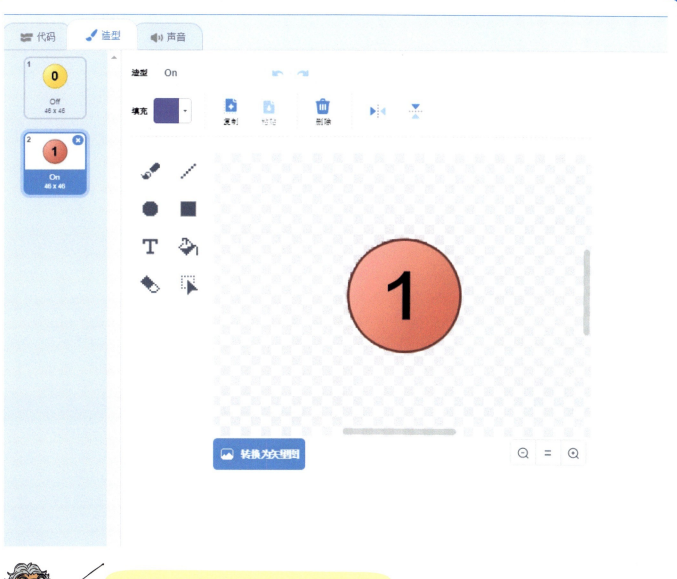

猴博士：我们现在需要设定几个变量。

小猴编程：Scratch 3.0 趣味少儿编程（提高篇）

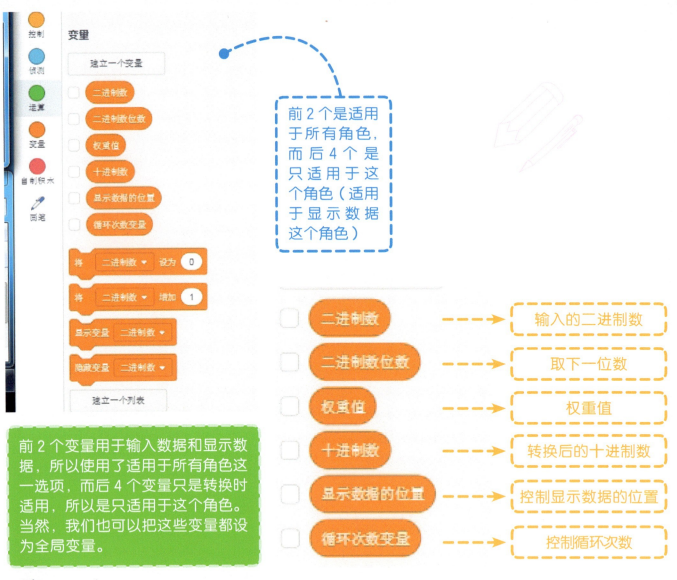

前 2 个是适用于所有角色，而后 4 个是只适用于这个角色（适用于显示数据这个角色）

前 2 个变量用于输入数据和显示数据，所以使用了适用于所有角色这一选项，而后 4 个变量只是转换时适用，所以是只适用于这个角色。当然，我们也可以把这些变量都设为全局变量。

猴博士：二进制转换成十进制时有这样一个公式 $abcd.efg_{(2)} = d \times 2^0 + c \times 2^1 + b \times 2^2 + a \times 2^3 + e \times 2^{-1} + f \times 2^{-2} + g \times 2^{-3}$。

第七课 初级程序员

猴博士：在我们的这个程序中，没有小数部分，所以我们不用管小数。总结起来就是我们把二进制数，从右往左看，给出它们的编号，最右边的是第0个数据，然后是第1个、第2个，以此类推。

猴博士：然后我们把第0个数乘以20再加上第1个数乘以21，然后以此类推。简单地说就是从第0个数开始依次乘以20、21、22、23……最后再相加，就转换好了。

举例说明：1101=1×20+0×21+1×22+1×23=13

计算机角色的程序

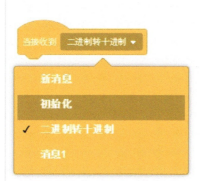

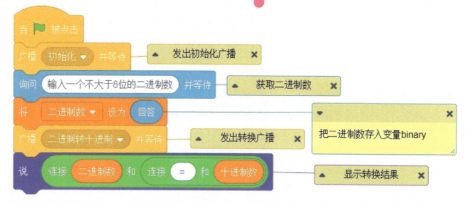

猴博士：下面我们来编写显示数据的程序。

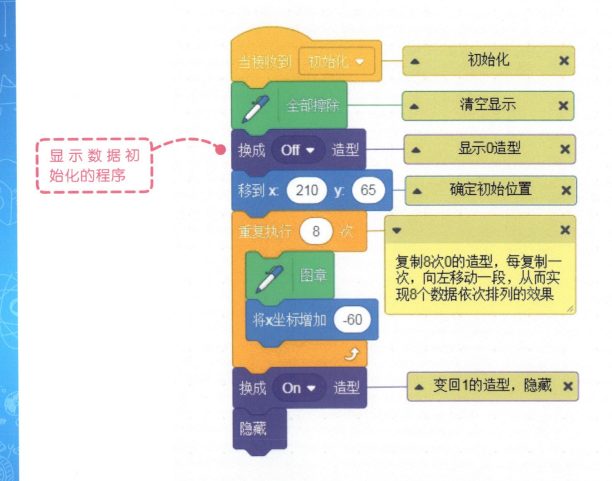

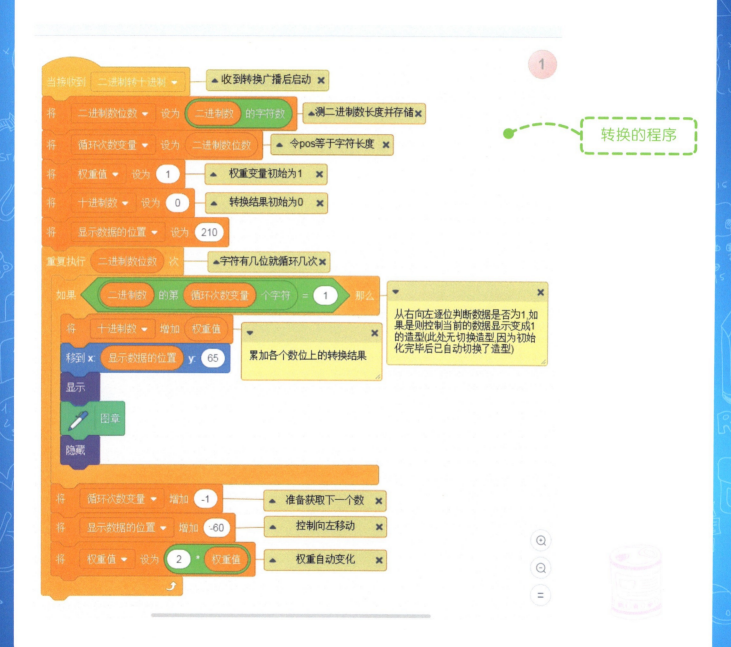

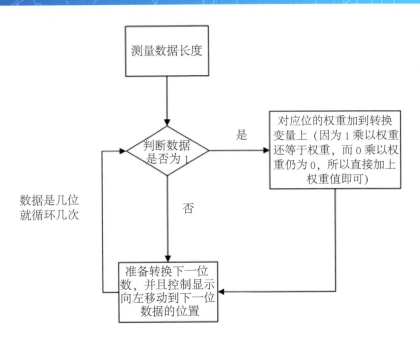

第七课 初级程序员

猴博士：这就是程序的最终运行效果。

大猩猩黑客：哦，原来是这样转换的啊！

猴博士：我这里还有一些模拟科学实验的程序，给你们看看。

猴博士：你们还记得我给你们做的小灯泡的实验吗？

小鸟云云：记得，猴博士！上次您还跟我们说了"欧姆定律"呢！

小猴皮皮：猴博士，您该不会是用Scratch 3.0模拟了欧姆定律了吧？

猴博士：对，就是模拟了欧姆定律，你们来看。

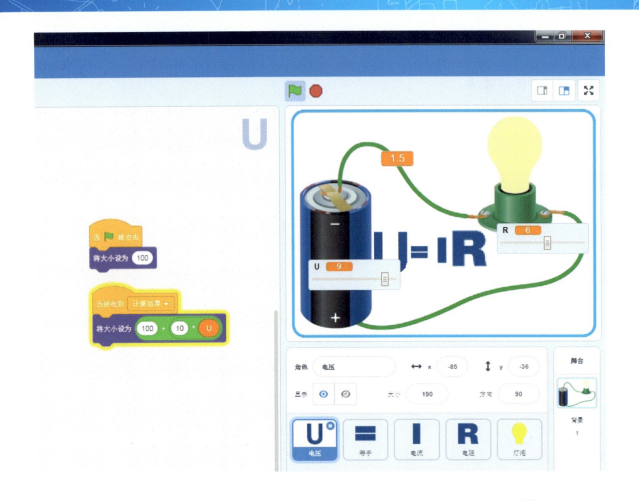

猴博士：这就是模拟欧姆定律的程序，其实很简单。

猴博士：首先我们把背景画一下。

第七课 初级程序员

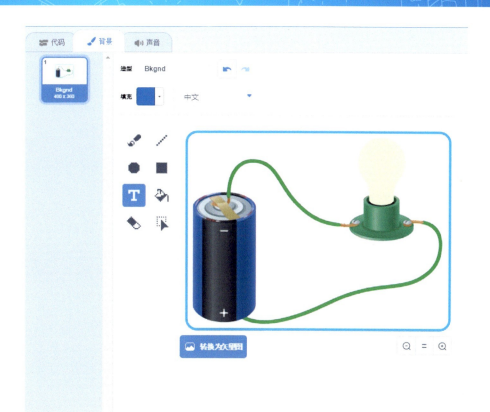

猴博士：然后，我们把公式写上。

欧姆定律：在同一电路中，通过某段导体的电流跟这段导体两端的电压成正比，跟这段导体的电阻成反比。即 U=IR。

猴博士：我们再做一个灯泡点亮的造型。

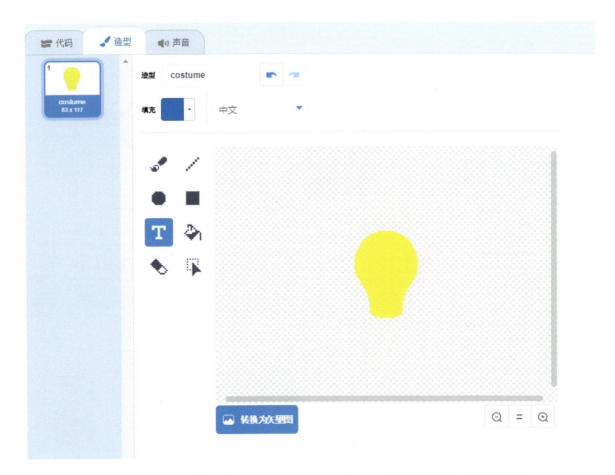

猴博士：我们现在开始按照公式编写程序。首先我们要设定好电压、电流和电阻这3个变量。

第七课 初级程序员

背景的程序

变量有多种显示方式，滑杆方式可以拖动下面的按钮，对变量进行调整。

在这个程序中还设定了滑杆的最小值和最大值。设定好这个，就可以在一定范围内调整变量数值了。

第七课 初级程序员

小猴皮皮：果然很简单啊！猴博士，您除了这个程序，还编写了模拟什么的程序啊？

猴博士：我还模拟了串联分压的效果呢！

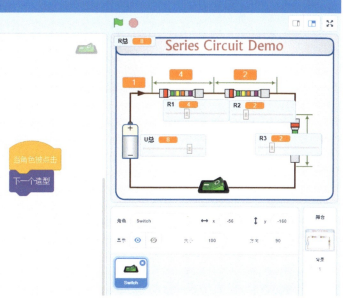

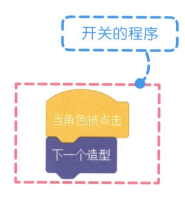

开关的程序

猴博士：来，看看吧！

大猩猩黑客：这个程序好像也比较简单。

猴博士：是很简单，但是大家要把串联电路的原理弄明白啊！

猴博士：我们先添加一个开关角色。

猴博士：然后我们画出背景，把开关放到合适的位置。

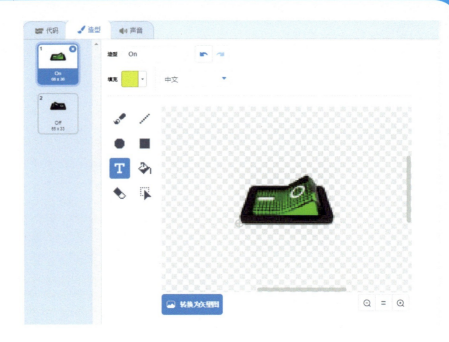

猴博士：现在定义出我们需要用到的变量。

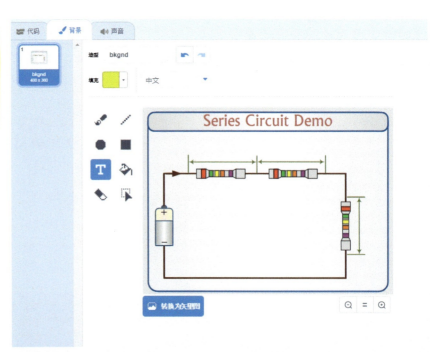

第七课 初级程序员

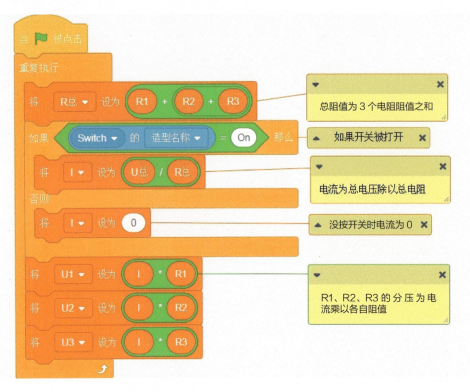

猴博士：程序简单吧！

小鸟云云：确实不难！

大猩猩黑客：挺容易的。

小猴皮皮：简单实用，猴博士真棒！

作业 HOMEWORK

最近学浮力了，让我们用 Scratch 3.0 做一个模拟浮力的程序吧。

大猩猩黑客：小猴皮皮，你有计算器吗？

小猴皮皮：有，怎么了？

大猩猩黑客：我的计算器没电了，我想跟你借一下。

小猴皮皮：没问题，不过，我觉得你可以用Scratch 3.0做一个计算器，这样随时都可以用。

大猩猩黑客：哦，还能这样！

小猴皮皮：当然了，这是上次猴博士给我的一个简易的计算器程序。

第八课 我的计算器

小猴皮皮：整个程序只有小猫一个角色。就是能算简单的加法而已。

大猩猩黑客：让我看看，这个程序有两个变量，数据1和数据2。

小猴皮皮：对，这两个变量就是用来存储需要计算的数据的。这两个数据是通过询问命令和回答命令来实现的。

"询问××并等待"命令执行后先问问题，再等待给出的答案，然后将答案存放在回答里。

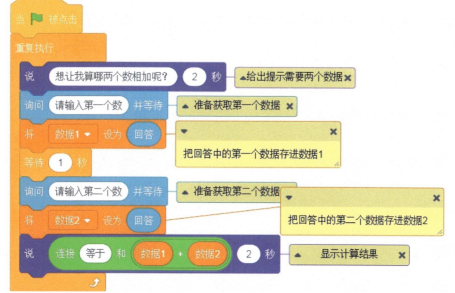

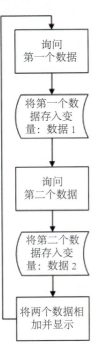

小猴皮皮：这就是整个的程序和流程，其实没有多难。

小猴皮皮：程序运行起来就是这样的。

第八课 我的计算器

小猴皮皮：我就是根据这个做了改进，做了一个能算四则运算的计算器。给你看看。

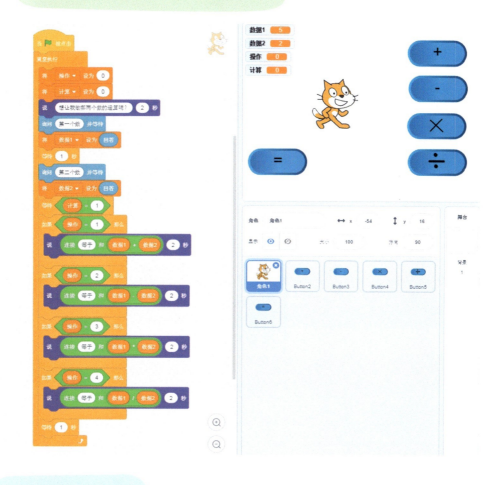

大猩猩黑客：这个好复杂啊！

小猴皮皮：这个只是看起来复杂，其实还好啦！

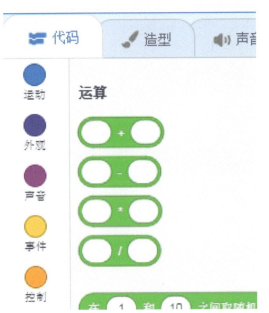

运算中有多种运算命令,这些运算命令可以相互嵌入,能做复杂的运算。

小猴皮皮:其实无论是猴博士给的简单程序,还是我改进的程序,核心都是运算中的加、减、乘、除这四条命令。对了,还要加上变量。

操作变量用来记录需要进行的运算操作;计算变量控制结果的显示

小猴皮皮:我在之前的变量基础上又增加了两个变量。另外也增加了四个运算的选择按键和显示结果的等于按键。

第八课 我的计算器

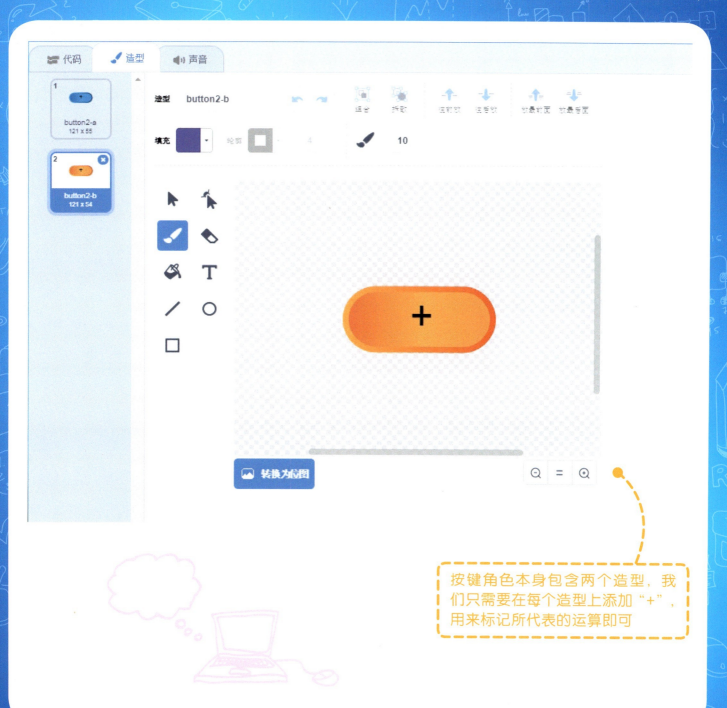

按键角色本身包含两个造型,我们只需要在每个造型上添加"+",用来标记所代表的运算即可

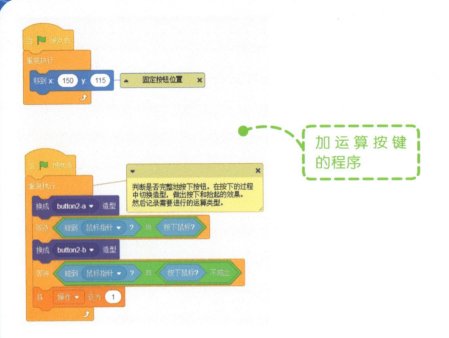

加运算按键的程序

小猴皮皮：这几个按键就是造型和部分参数的差异，所以我编好一个按键的程序后，就直接复制，然后再改造型，调整参数。

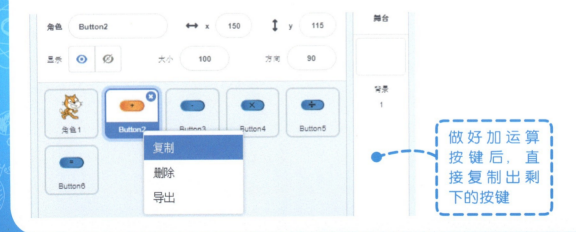

做好加运算按键后，直接复制出剩下的按键

第八课 我的计算器

减运算按键的程序

乘运算按键的程序

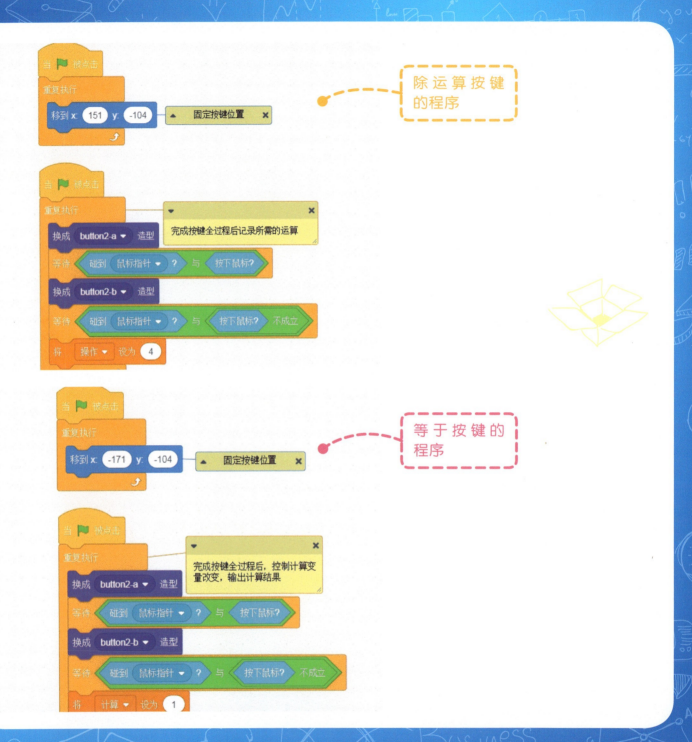

第八课 我的计算器

采集数据，计算结果

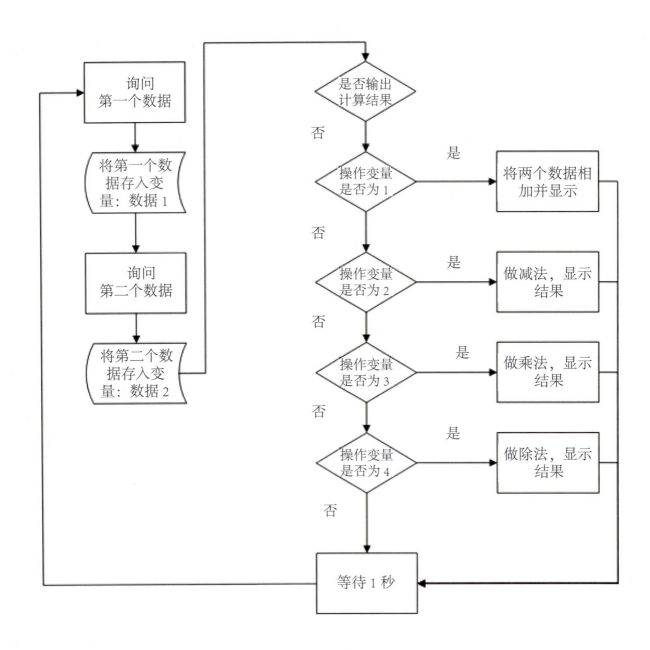

第八课 我的计算器

小猴皮皮：这就是计算器程序的全部内容了。

大猩猩黑客：小猴皮皮，你真厉害！

大猩猩黑客：我突然想到了，我们把这个程序改一改就能计算面积！

小猴皮皮：是啊！要不你改改看？

大猩猩黑客：我来试试，我先把这五个按键换掉。

角色1

角色2

角色3

角色4

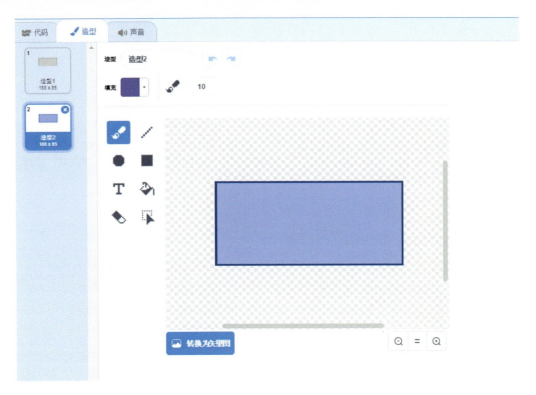

大猩猩黑客：每个角色再做出两个造型，模拟按下去的效果。

大猩猩黑客：我再修改一下变量。把"操作"改成"形状"。

第八课 我的计算器

大猩猩黑客：哎呀！要算面积的话，每种形状需要的参数数量不一样，所以要设好多变量啊！

小猴皮皮：是啊，让我想想……

猴博士：你们两个在干什么呢？

大猩猩黑客：我们在修改程序呢，可是发现变量个数不统一……

猴博士：原来是这样啊！我教你们另一种方法。

列表在以前的版本中称为链表，简单地说就是在计算机内开辟了一个空间，可以随时存放和读取数据。有了这个，我们就可以不必预先知道数据大小和个数，只需要对列表进行存储和读取就可以了。

猴博士：我们可以新建一个列表，用来储存数据。

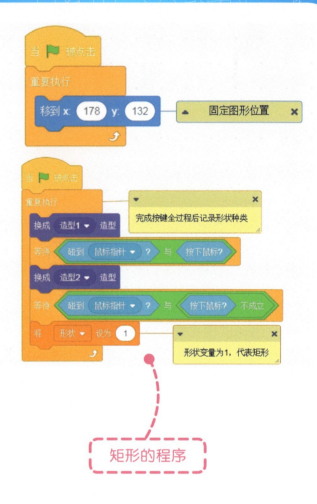

矩形的程序

猴博士：我们可以使用这些命令，将数据添加到列表中，也可以读取、删除、替换等。

猴博士：我们先把各个形状的程序编写好。

第八课 我的计算器

圆形的程序

三角形的程序

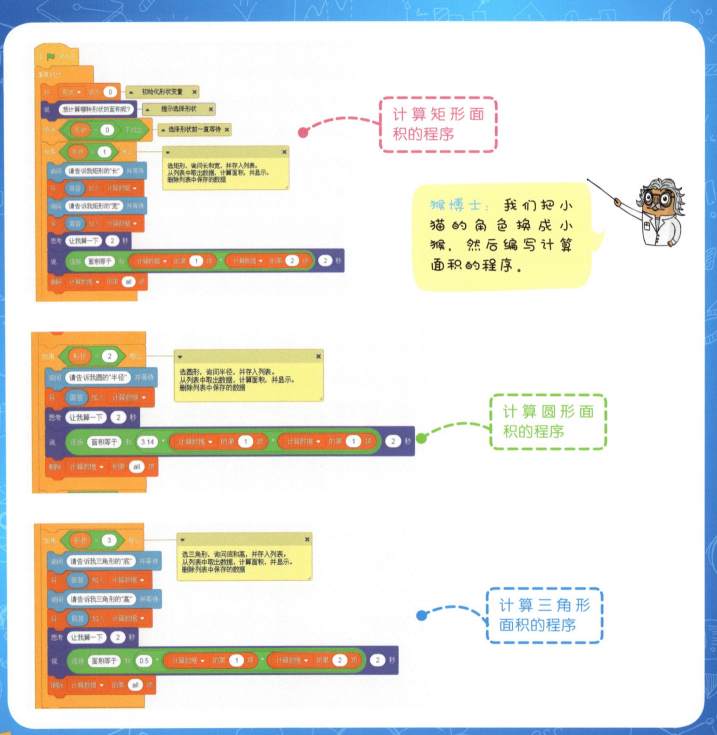

第八课 我的计算器

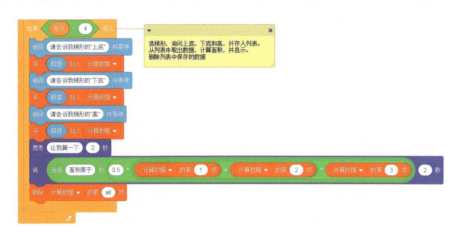

计算梯形面积的程序

注意：这些计算面积的程序是在同一个重复执行的程序结构中。

猴博士：好了，这就是全部的程序了，让我们看看运行效果吧！

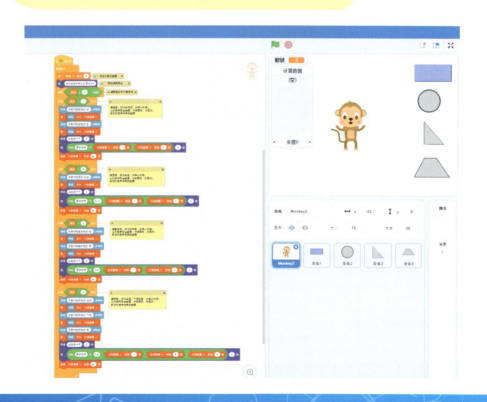

143

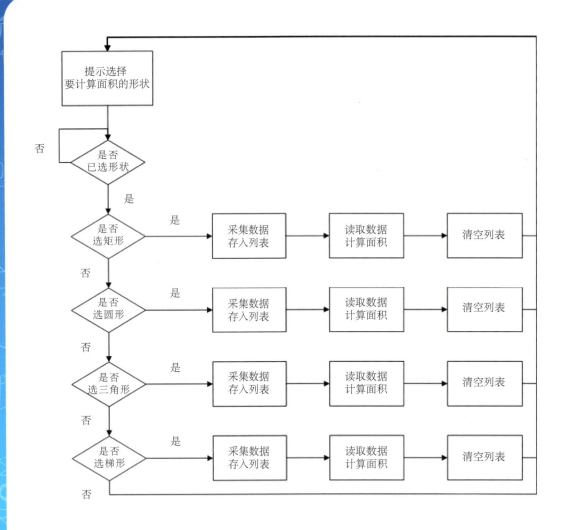

猴博士：计算面积的计算器你们已经会做了。想想体积该怎么计算呢？

作业 HOMEWORK

模仿面积计算器，设计一个能计算体积的计算器吧。

大猩猩黑客：小猴皮皮，你那天给我的计算器程序，我给改了，增加了别的功能。

小猴皮皮：哦？你增加了什么功能？

大猩猩黑客：我让计算器能算平方根、正弦、余弦了。

小猴皮皮：你用了更高级的运算命令了。

大猩猩黑客：是的！你看！

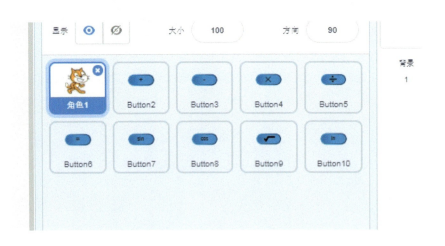

大猩猩黑客：我在你之前的基础上，又复制了四个按钮。然后把它们定义成 sin、cos、平方根、ln。

第九课 我的高级计算器

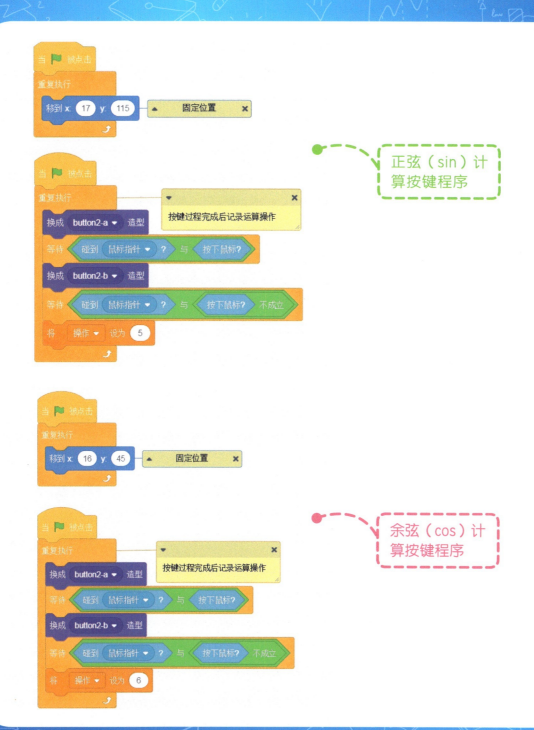

第九课 我的高级计算器

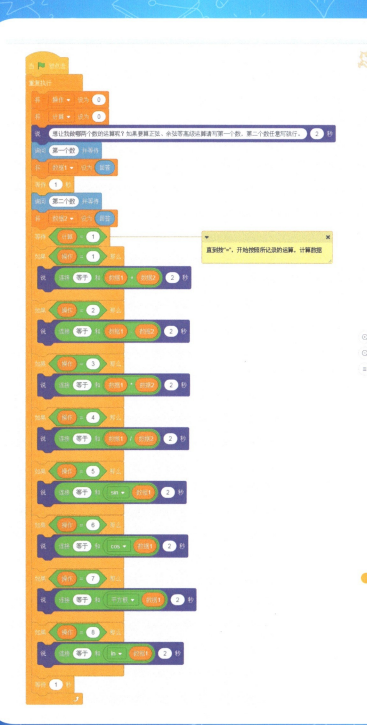

直到按"=",开始按照所记录的运算,计算数据

修改后的"小猫"程序,增加了四种运算的命令。

从下拉菜单中选择需要进行的运算

大猩猩黑客：小猴皮皮，我发现这个命令特别有意思，不光能运算，如果配合运动和画笔的命令，可以画出很多有意思的图案。

小猴皮皮：用这个画图，我还没试过呢，一会儿我也试一下。不过我昨天做了一个新程序，给你看看吧！

大猩猩黑客：什么程序啊？

小猴皮皮：看，我做了一个电阻色环计算器。

第九课 我的高级计算器

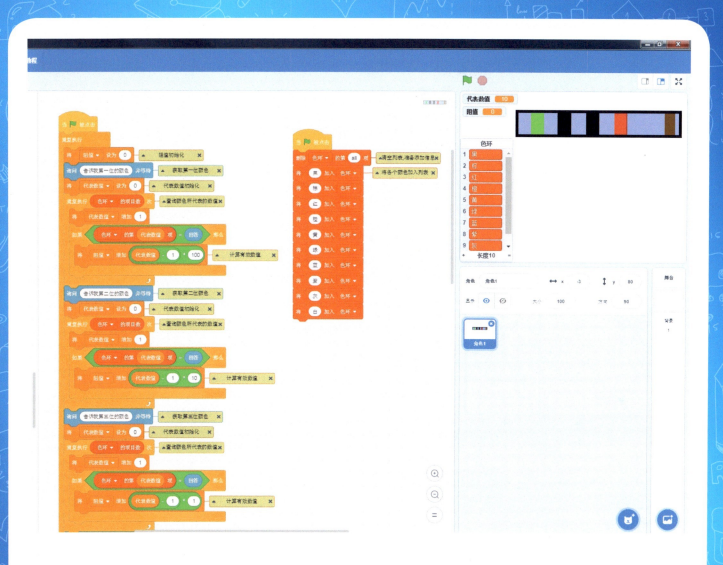

大猩猩黑客：
好多程序啊！

小猴皮皮：我就是按照猴博士给我们的电阻色环计算表来编写的程序。

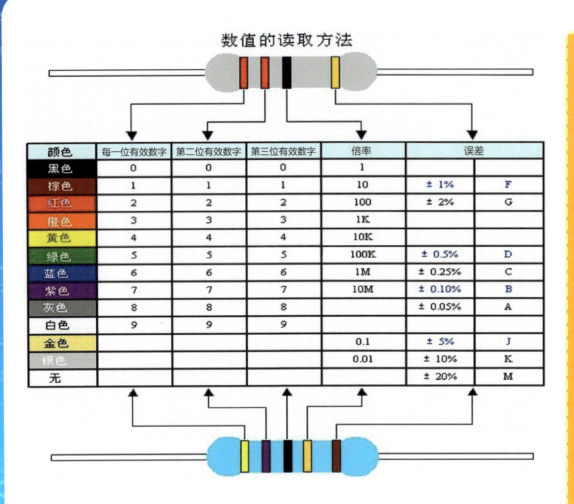

电阻色环是用来计算电阻阻值的。以5环电阻为例,从左边开始分别是:第一位有效数字、第二位有效数字、第三位有效数字、倍率和误差。三个有效数字组成了一个三位数,用这个三位数乘以倍率就得到了电阻的阻值,然后再根据误差位的颜色判断出误差的值,就能够得到电阻阻值的完整信息了。

小猴皮皮:首先我画出了电阻的造型,我是以5环电阻为例的,如果要计算4环电阻,还需要稍加修改。

第九课 我的高级计算器

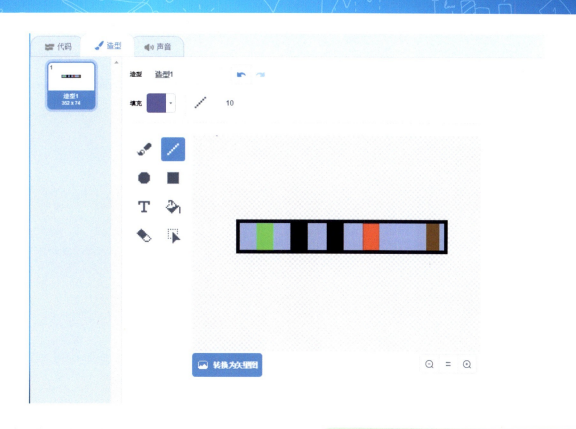

小猴皮皮：我设定了两个变量，一个是最后的阻值，另一个是各个颜色所对应的数值。

小猴皮皮：我还建立了一个叫作"色环"的列表，这是用来存储颜色信息的。

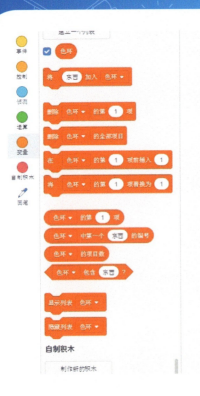

注意：列表的编号和颜色所代表的数值并不对应。这是因为编号是从1开始的。而将编号减1后正好与所代表的数值相等

小猴皮皮：编号和数值不对应的问题需要注意，另外，计算倍率的时候还需要进行运算的组合。

第九课 我的高级计算器

大猩猩黑客：你也用了这个高级的命令！

小猴皮皮：是啊！

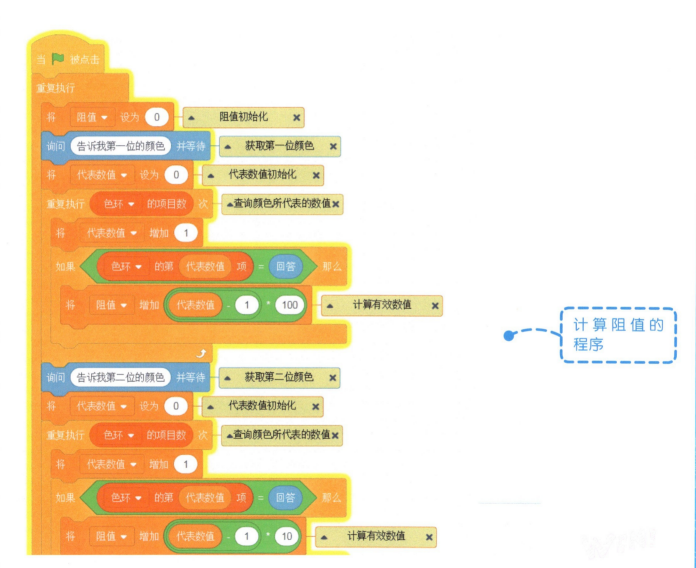

计算阻值的程序

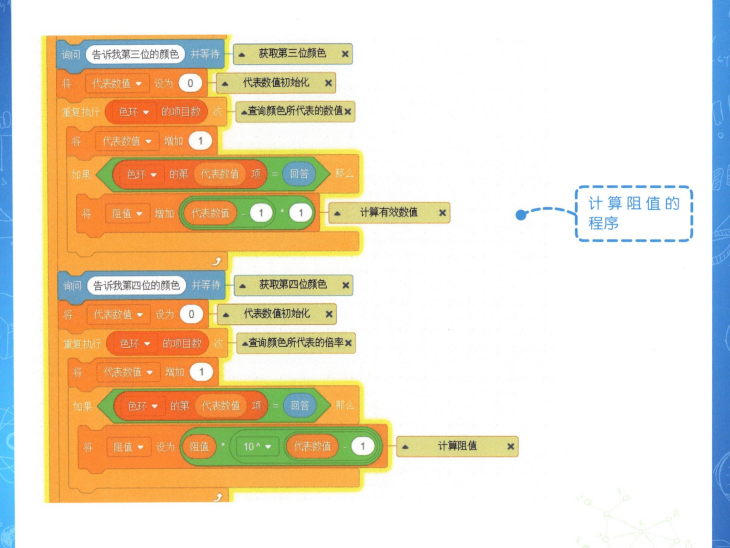

第九课 我的高级计算器

计算阻值的程序

小猴皮皮：这就是完整的程序和流程了！

大猩猩黑客：小猴皮皮，你太厉害了！

小鸟云云：小猴皮皮、大猩猩黑客，你们俩还玩呢！

小猴编程：Scratch 3.0 趣味少儿编程（提高篇）

大猩猩黑客：哪有啊！我和小猴皮皮一起研究程序呢！

小鸟云云：刚才猴博士跟我说要带咱们一起出国旅行，让咱们准备准备。

大猩猩黑客：这有什么可准备的！

小猴皮皮：要准备的可多了，最起码咱们要准备换一些外币吧？

大猩猩黑客：对了，猴博士说咱们要去哪个国家了吗？

小鸟云云：没有，猴博士现在还没决定好去哪个国家呢。

大猩猩黑客：那怎么兑换外币啊？

小猴皮皮：没关系，我们做一个汇率计算器，随时都能算出来！

大猩猩黑客、小鸟云云：好啊，好啊！

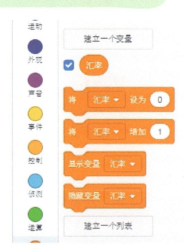

第九课 我的高级计算器

小猴皮皮：我们先建一个汇率的变量，然后再添加角色。

- 银行职员
- 兑换美元
- 兑换英镑
- 兑换欧元
- 兑换日元

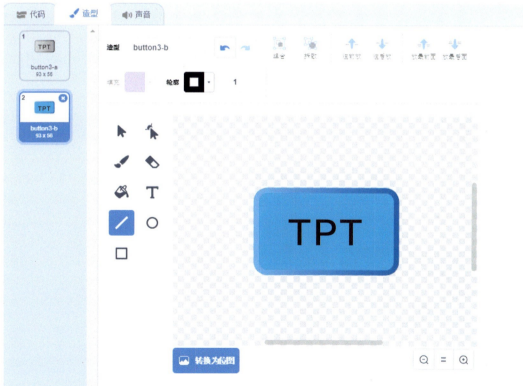

第九课 我的高级计算器

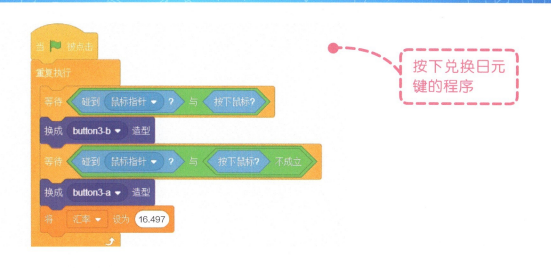

按下兑换日元键的程序

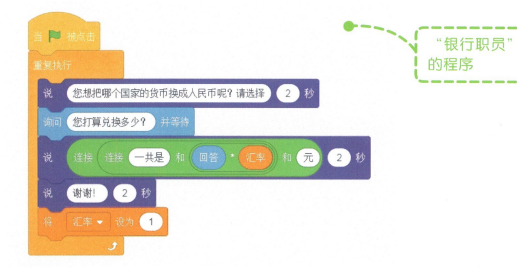

"银行职员"的程序

小猴皮皮：好了，我们的汇率计算器做好了，试试效果吧！

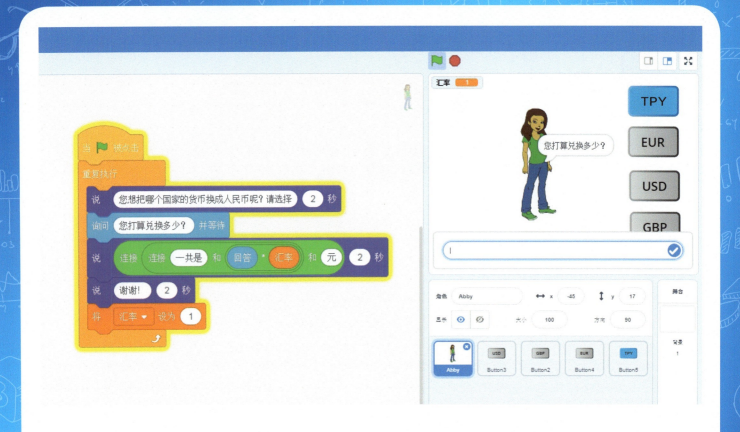

作业 HOMEWORK

尝试做一个健康指数计算器,输入身高和体重,可以得出健康指数。

大猩猩黑客： 猴博士，科技馆里的机器人真厉害，什么问题都能回答！

 猴博士： 这都是采用了人工智能技术，进行了大量的机器学习才实现的。

 小猴皮皮： 猴博士，我们能用 Scratch 3.0 实现人工智能吗？

猴博士： 人工智能涉及的算法很复杂，不是咱们的 Scratch 3.0 能做到的。不过，我们倒是可以使用 Scratch 3.0 来设计一个模仿机器学习的程序。就像网上的聊天机器人一样。

 小鸟云云： 猴博士，我们赶快做一个试试吧！

我们使用的小熊角色，不是库里面的。我们可以事先下载好小熊的图片，然后再添加角色就可以了。

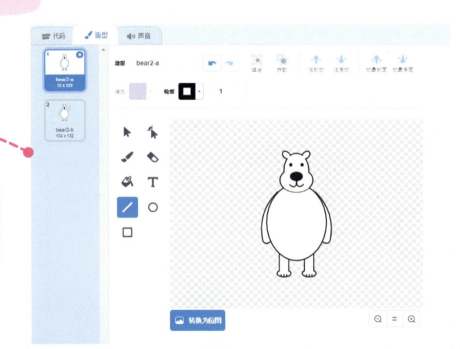

第十课 我的人工智能

猴博士：我们就让小熊来当我们的主角儿吧!

猴博士：然后，我们再建立两个列表，一个存放问题，另一个存放答案。

猴博士：其实聊天机器人一开始也不是什么都能回答，这也是进行了长时间的机器学习，对问题进行归纳、综合。我们的Scratch 3.0还做不到归纳、综合，但是我们可以利用列表，实时存储问题和答案。就好像进行了学习一样。

自制积木

我们模拟聊天机器人，需要向它提问，然后得到答案。因此设计两个列表，分别存储问题和对应答案。

165

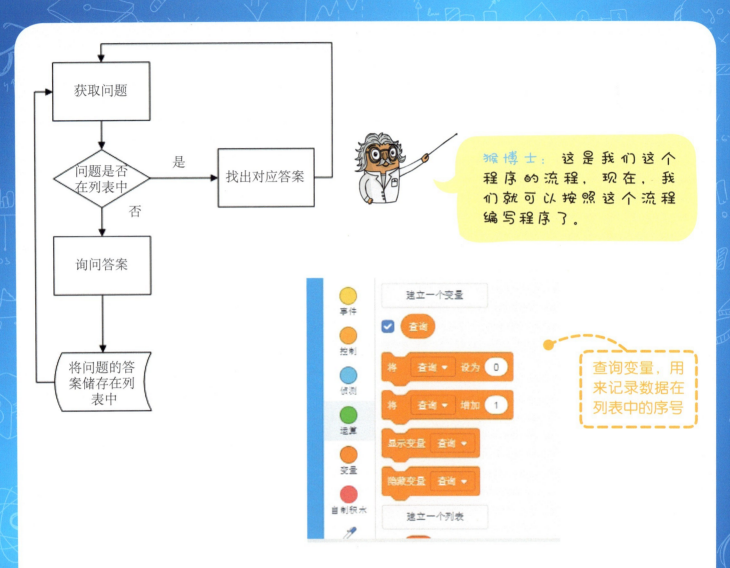

猴博士：这是我们这个程序的流程，现在，我们就可以按照这个流程编写程序了。

查询变量，用来记录数据在列表中的序号

猴博士：对了，我们还要设定一个查询变量，用来记录所查数据在列表中的位置。

第十课 我的人工智能

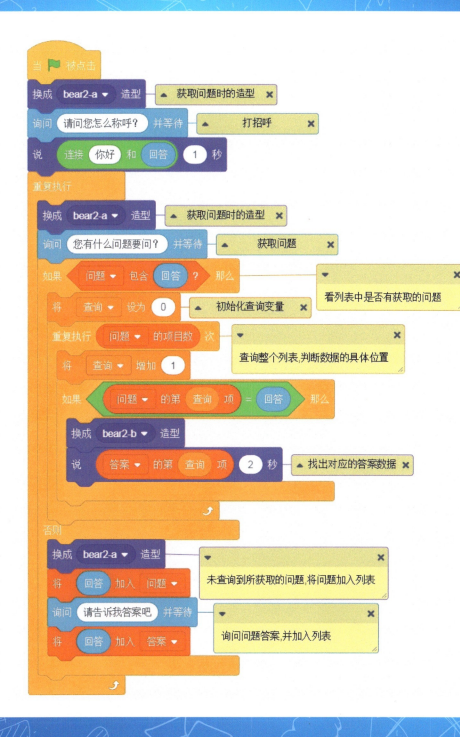

我们的"机器学习"程序目前只能记录固定的问题和答案，对于可变化答案的问题，如：现在几点了？需要实时更新列表中的对应答案。

查询问题并给出答案的程序

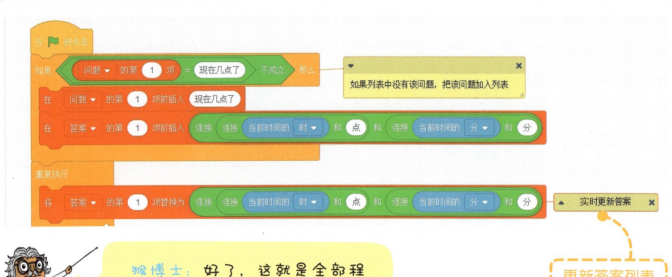

猴博士：好了，这就是全部程序了，咱们试试吧！

更新答案列表的程序

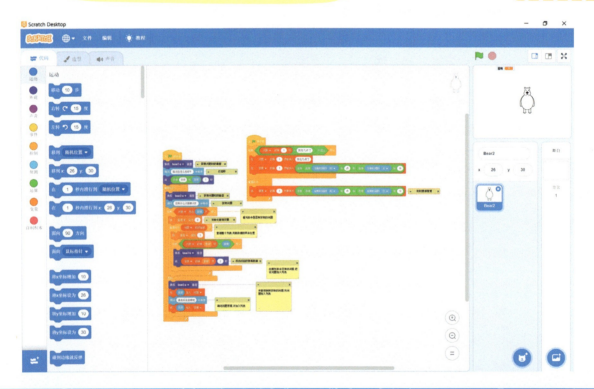

第十课 我的人工智能

猴博士：说到人工智能，我一直就想做一个自动出数学题的程序，能够帮助你们提高算数水平。

大猩猩黑客：又考试啊！

小猴皮皮：大猩猩黑客，你确实应该练习一下算数了，上次买吃的你就把钱算错了。

大猩猩黑客：别提那个了，小失误。

猴博士：我们就先做一个简单的出题程序吧。

小鸟云云：还是让"小熊"当主角吧！

169

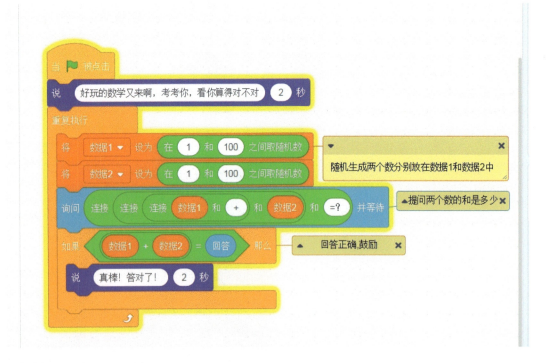

第十课 我的人工智能

猴博士：这个程序还有很大的改进空间，我只编写了出加法题的程序，大家还可以改进，做出能够随机出各种运算题的程序。

小猴皮皮：猴博士，上次去您那儿的时候，我看到您用Scratch 3.0制作了一个数字时钟，您能把程序给我们吗？

猴博士：给你们没问题，但我更希望的是你们理解程序。我先给你们讲一遍，再把程序给你们吧！

猴博士：首先我们要添加一个数字的角色，然后给这个角色添加从0到9的造型。

我们使用事先下载好的"数字图片"作为角色和造型

请注意：造型的编号比造型所显示的数值大了1

猴博士：现在我们复制角色就好了，一共要6个数字。

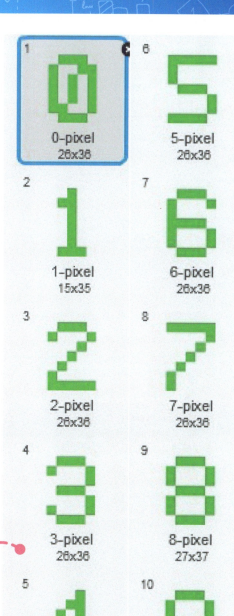

171

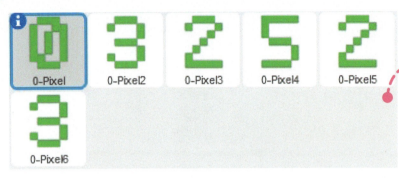

角色依次为：小时的十位、小时的个位、分钟的十位、分钟的个位、秒的十位、秒的个位

猴博士：我们还要建立6个变量。数字时钟的核心其实是控制造型的切换和进位。

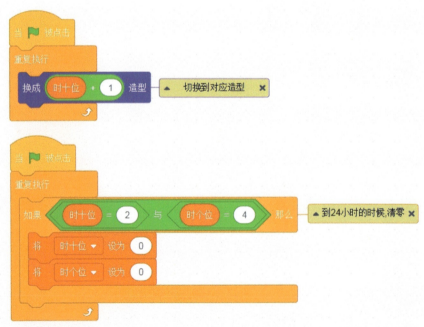

▲ 切换到对应造型

▲ 到24小时的时候,清零

小时的十位数程序

第十课 我的人工智能

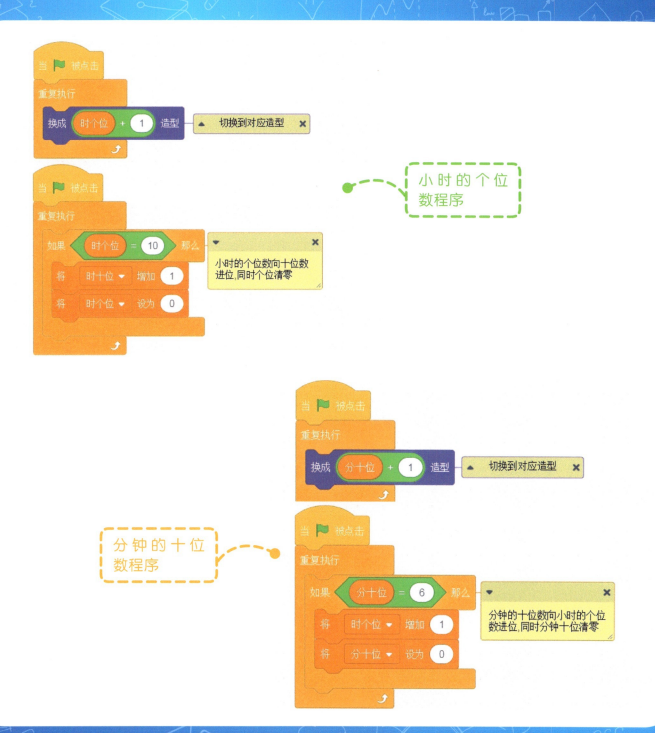

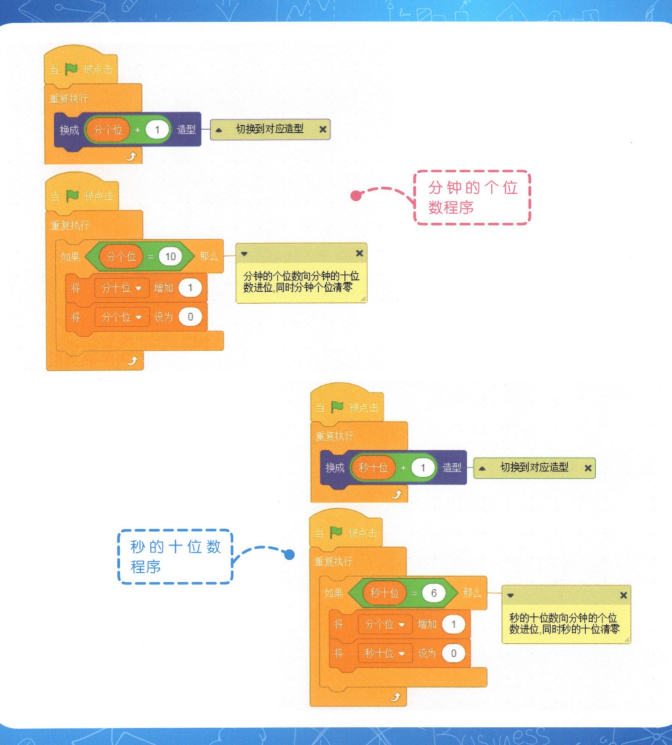

第十课 我的人工智能

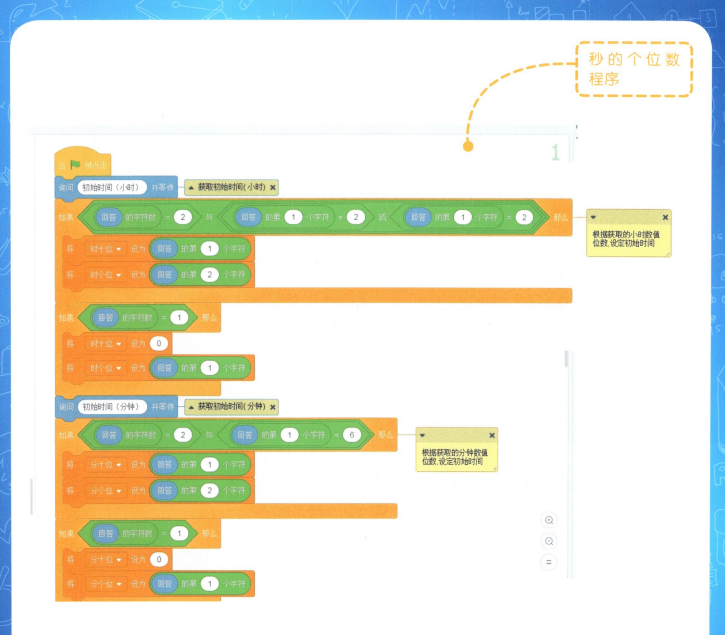

秒的个位数程序

秒的个位程序相对复杂，复杂的地方在于识别初始时间的设定，由于初始时间可以是1位数，也可以是2位数，所以要根据位数进行判断，从而设定初始时间。

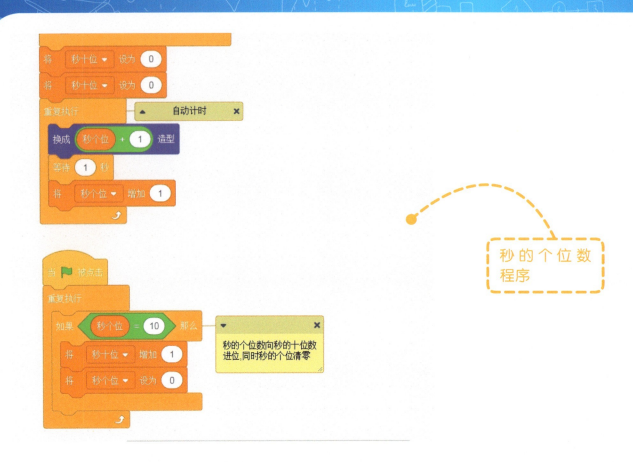

秒的个位数程序

猴博士：好了，这就是数字时钟的程序，现在交给你们了。

作业 HOMEWORK

修改一下数字时钟程序，为它增加闹钟的功能。

猴博士：最近我看大家都很喜欢Scratch 3.0编程，马上就过新年了，我做了两个小游戏送给大家。

大猩猩黑客：猴博士，什么小游戏啊？

猴博士：一个"潜艇大战"，还有一个"宠物小鱼"。我觉得你和小猴皮皮会比较喜欢"潜艇大战"，小鸟云云可能比较喜欢"宠物小鱼"。

小猴皮皮：猴博士，赶快给我们看看吧！

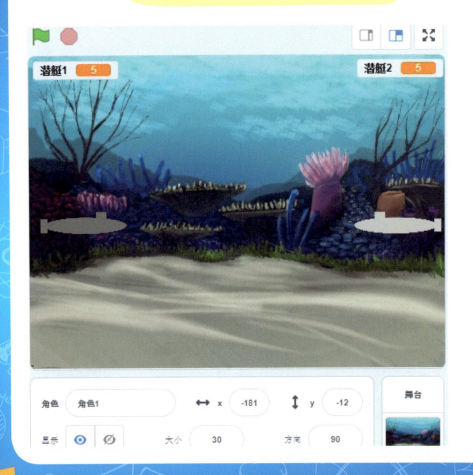

第十一课 我的小游戏 2

猴博士：这就是潜艇大战。

大猩猩黑客：这个程序有四个角色呢！

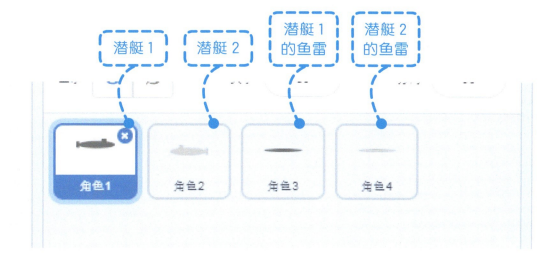

潜艇1　潜艇2　潜艇1的鱼雷　潜艇2的鱼雷

小鸟云云：你看，每个潜艇都有两个造型，而且正好方向相反。

小猴皮皮：我们来看看程序吧。

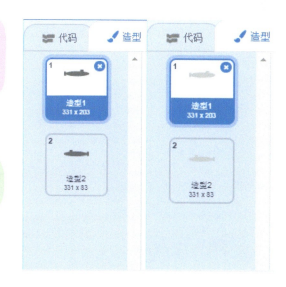

179

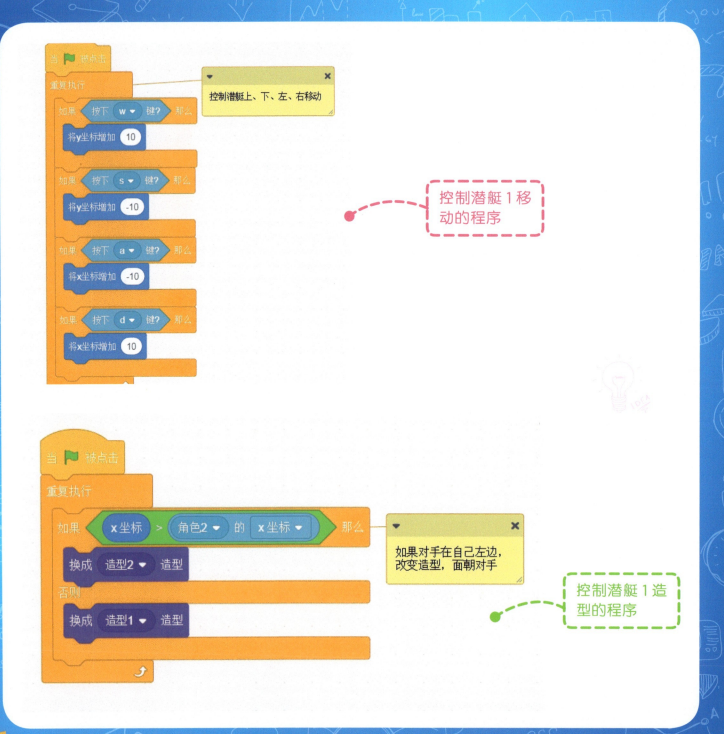

第十一课 我的小游戏 2

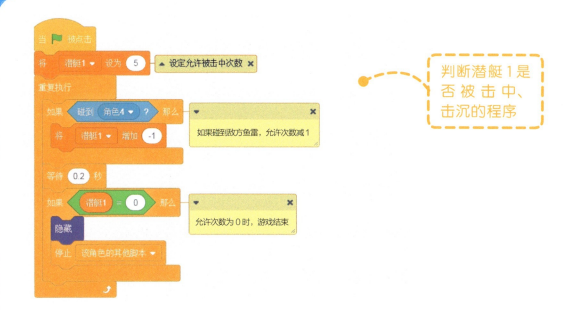

判断潜艇1是否被击中、击沉的程序

大猩猩黑客：潜艇的程序还挺多的，不过都不太难，咱们先看看潜艇1的鱼雷的程序吧！

潜艇1的鱼雷的程序

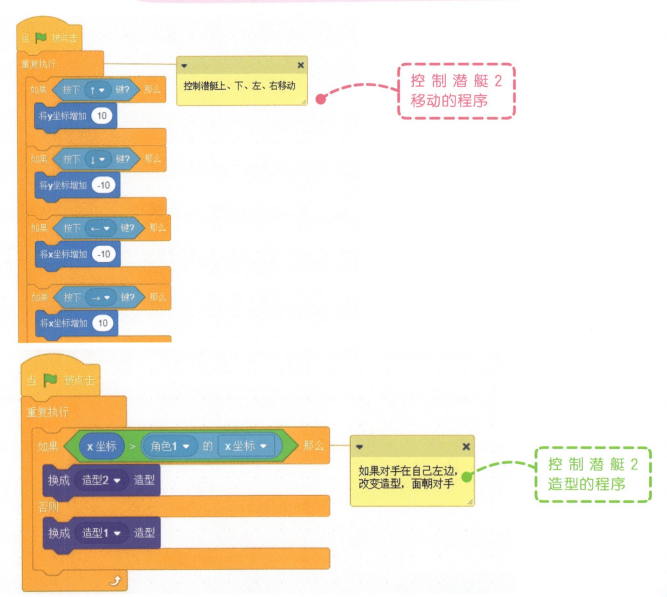

第十一课 我的小游戏 2

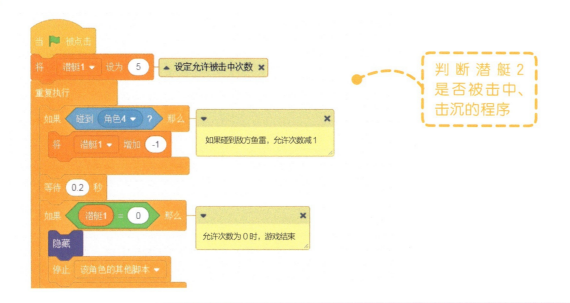

判断潜艇2是否被击中、击沉的程序

小鸟云云：潜艇2的程序果然和潜艇1差不多，就是按键和变量不一样。

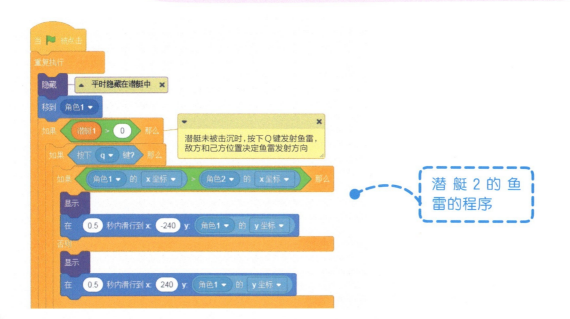

潜艇2的鱼雷的程序

小鸟云云：潜艇2鱼雷的程序也和潜艇1鱼雷的程序差不多。

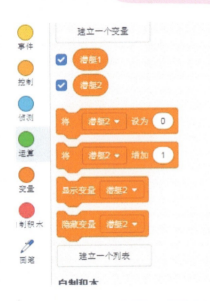

判断潜艇被击中击沉的变量

猴博士：怎么样，不难吧？小猴皮皮、大猩猩黑客，这回你们俩可以一起玩儿了。

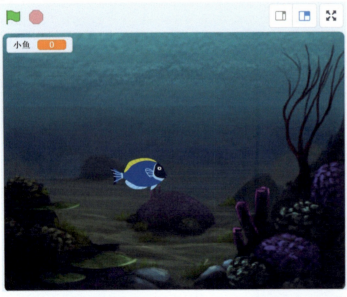

小鸟云云：我来看看宠物小鱼的程序吧！

第十一课 我的小游戏 2

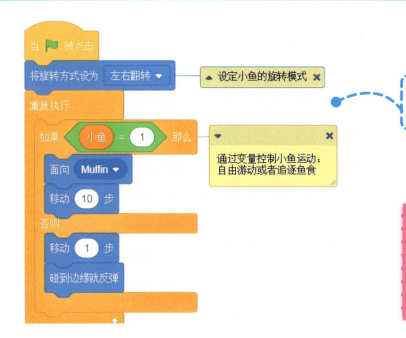

控制小鱼运动的程序

注意：面向角色运动的命令和角色是否显示无关，也就是说，无论角色是显示还是隐藏都会面向该角色。（这也是程序中为什么使用变量进行控制的原因。）

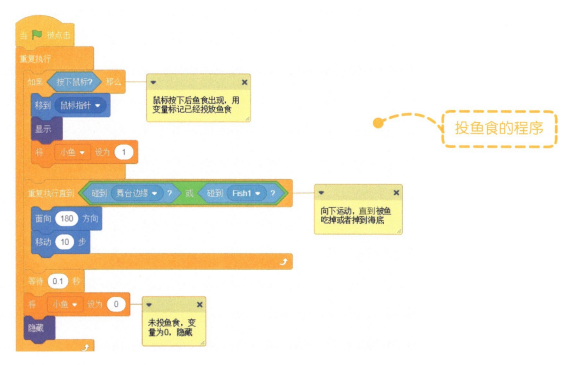

投鱼食的程序

小鸟云云：宠物小鱼的游戏有点儿简单啊！

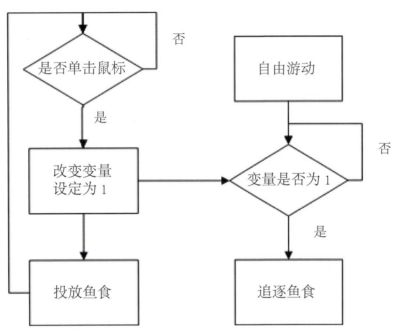

小鸟云云：我来把程序改一改。

小鸟云云：我再添加两条小鱼。

小鸟云云：我要让小鱼能长大，还能"饿瘦"了。

第十一课 我的小游戏 2

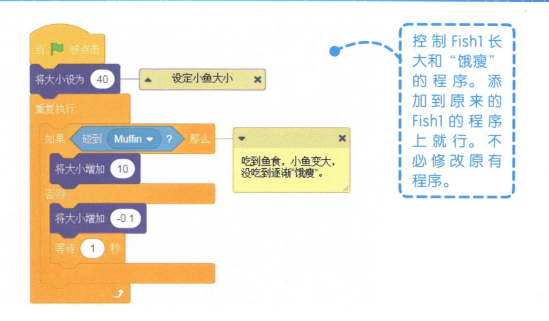

控制 Fish1 长大和"饿瘦"的程序。添加到原来的 Fish1 的程序上就行。不必修改原有程序。

小鸟云云：然后我把两段程序复制给另外两条小鱼。

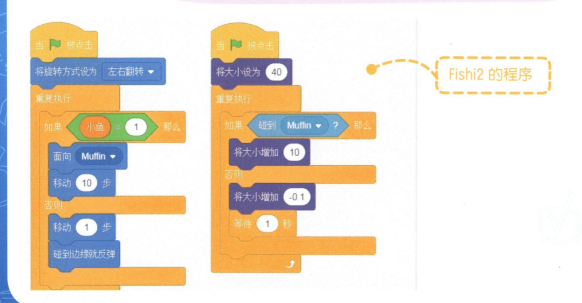

Fishi2 的程序

187

作业 HOMEWORK

思考一下,我们一起来做一个"捕鱼达人"的程序如何?

小猴皮皮：小鸟云云、大猩猩黑客，送给猴博士的新年小程序你们两个都做好了吗？
小鸟云云：做好了啊！

大猩猩黑客：我早就做好了！
小猴皮皮：嘿嘿！我也做好了，要不咱们三个先测试一下？

大猩猩黑客：可以啊！
小鸟云云：小猴皮皮，想先"玩"一会儿就直说嘛！

小猴皮皮：哦……这也被你看出来了。
大猩猩黑客：其实我也想先玩儿一会儿，来，先看我的吧！我做了一个难控制的小球。

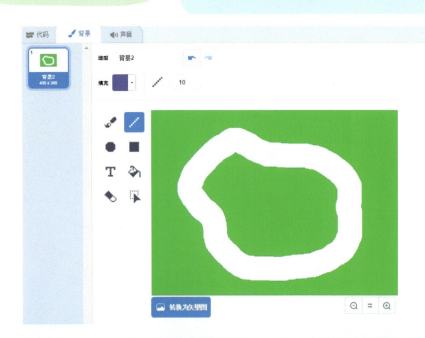

第十二课 程序员晋级

大猩猩黑客：我先画了一个"赛道"，然后又添加了一个小球角色。

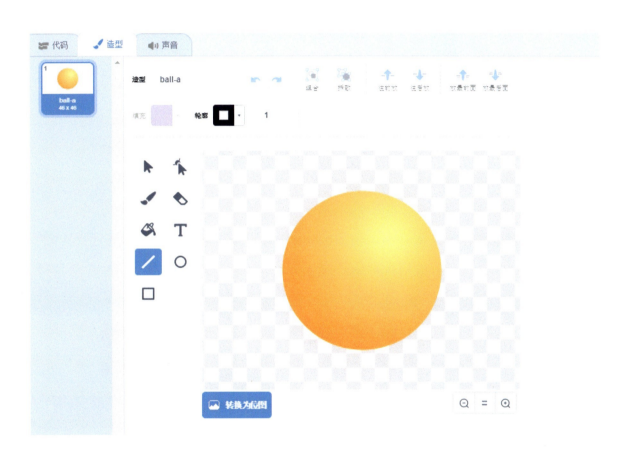

大猩猩黑客：之后，我又添加了一个起点，并放在了赛道上。

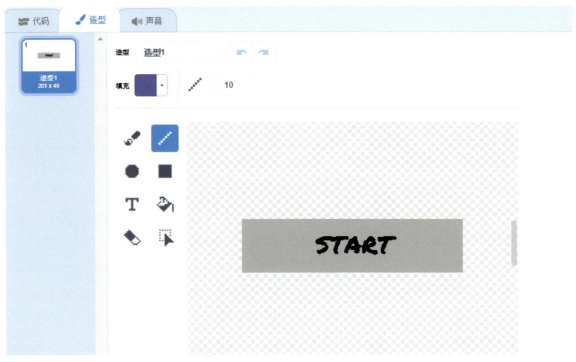

大猩猩黑客：现在看看我的程序吧！

大猩猩黑客：我还设定了X、Y两个变量，用来控制小球坐标的变化。

第十二课 程序员晋级

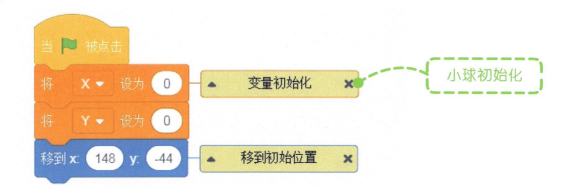

小球初始化

使用上、下、左、右键控制 X、Y 变量的增减，进而控制小球的坐标变化，使小球移动。

控制小球移动的程序

这个程序使用案件控制 X、Y 变量变化，然后再使用"将 x 坐标增加 xx"和"将 y 坐标增加 xx"命令，将已经变化了的变量加到 X、Y 坐标上，使坐标变化。
另外，这样处理，只有在变量为 0 时小球才停止，也就模拟出了惯性的效果。

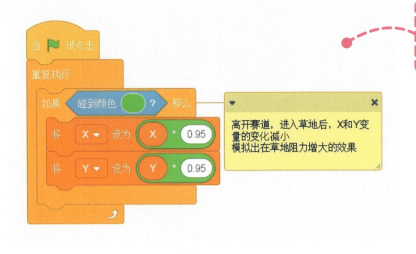

小球进入"草地"后的程序，X、Y 坐标均变化减小，从而使坐标变化减小

第十二课 程序员晋级

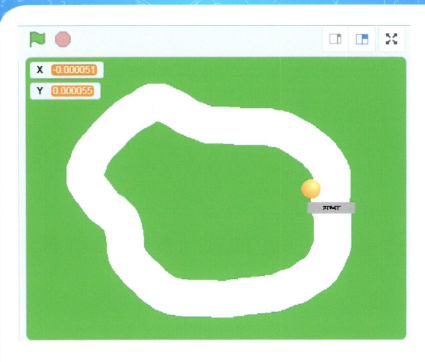

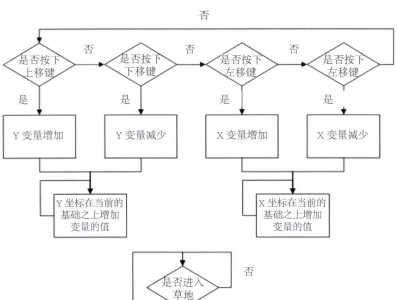

大猩猩黑客：这就是我给猴博士的礼物，怎么样？

小猴皮皮：好厉害啊！大猩猩黑客，你太棒了！

小鸟云云：来看看我的吧！我做了切水果的小游戏。

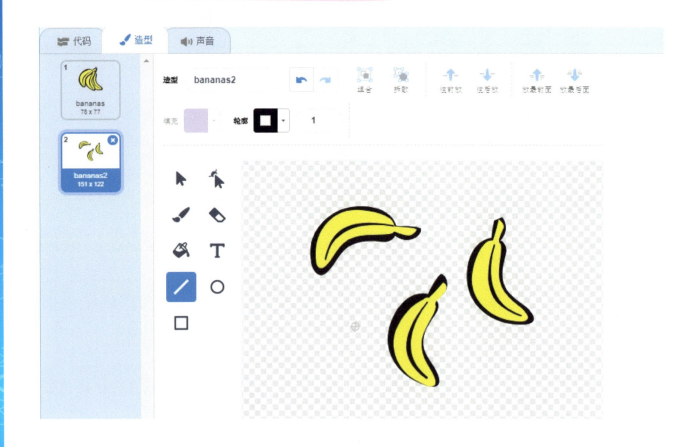

小鸟云云：我先添加了一个香蕉的角色，然后又添加了切碎的造型。

第十二课 程序员晋级

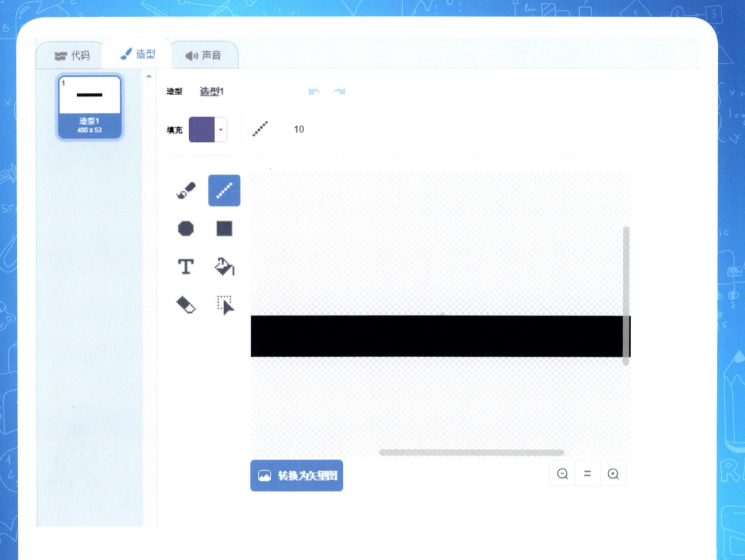

小鸟云云：然后，我又添加了一个"底边"的角色，并放在屏幕的下方。

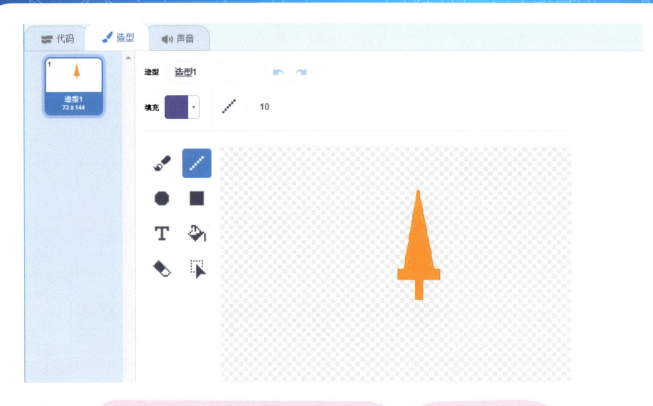

小鸟云云：最后，我又添加了一把"剑"，用来切水果。

小鸟云云：现在我们看看程序吧！

剑的程序

第十二课 程序员晋级

小鸟云云:"剑"的程序很简单,就是跟着鼠标动就行了,"底边"只是用来参考,所以没有程序。

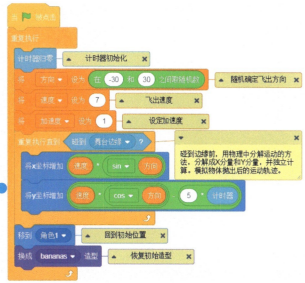

水果运动的程序

碰到边缘前,用物理中分解运动的方法,分解成X分量和Y分量,并独立计算。模拟物体抛出后的运动轨迹。

小猴皮皮:哦?小鸟云云,你也用的物理公式啊!我也用这个了。

小鸟云云:是嘛?这可是猴博士给咱们讲过的经典知识啊!不过我的程序还有一段呢!

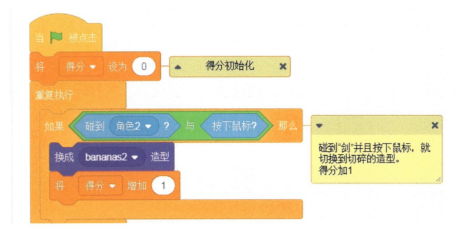

判断是否切到水果并决定是否计分的程序

碰到"剑"并且按下鼠标,就切换到切碎的造型。得分加1

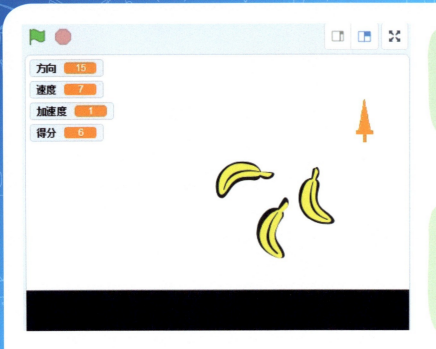

小猴皮皮：小鸟云云，你程序编的真好！大家看看我的吧！

小猴皮皮：我也用了猴博士讲的"运动分解"知识，做了一个投篮球的小游戏。

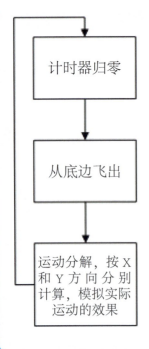

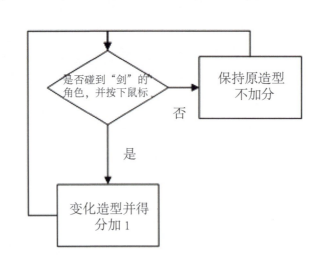

第十二课 程序员晋级

小猴皮皮：我先添加了一个篮球的角色。

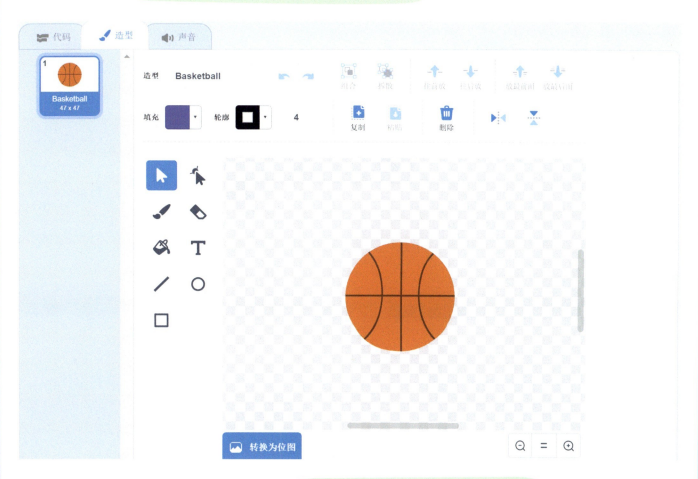

小猴皮皮：然后，我又添加了一个箭头的造型，用来确定篮球的投出方向。

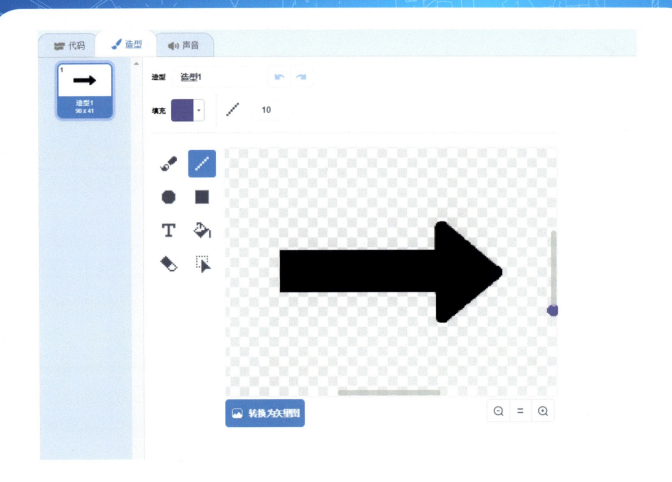

小猴皮皮：最后我添加了一个篮筐的角色，就是画得不太好，嘿嘿……

第十二课 程序员晋级

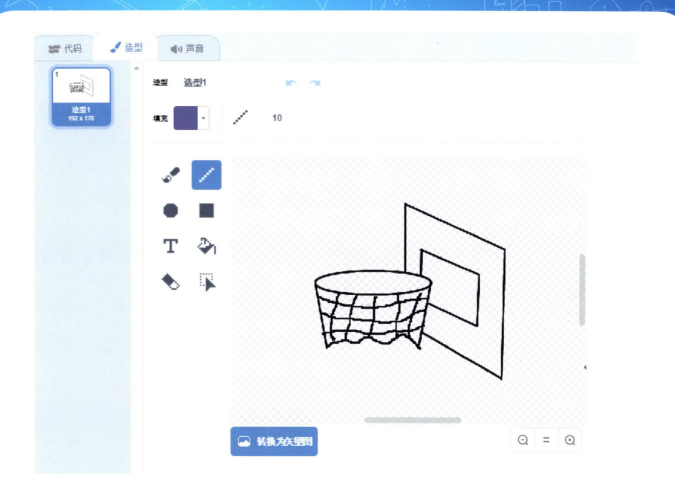

小猴皮皮：至于变量，其实我设定的和小鸟云云刚才的程序中的变量一模一样。

加速度变量：控制 Y 方向的运动。
方向变量：决定篮球投出方向，同时决定了 X、Y 两个分量的大小。
速度：即篮球投出的初始速度，之后的运动都在此基础上变化。
得分：投中篮筐得分。

小猴皮皮：我们现在看看程序，先看最简单的篮筐的程序吧！

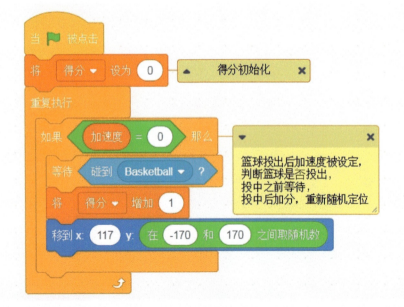

篮筐的程序

得分初始化

篮球投出后加速度被设定，判断篮球是否投出，投中之前等待，投中后加分，重新随机定位

由于篮球投出后的运动依赖于方向，所以要设定投出后不可改变方向，以保证运动正常。

第十二课 程序员晋级

小猴皮皮：然后是箭头的程序。

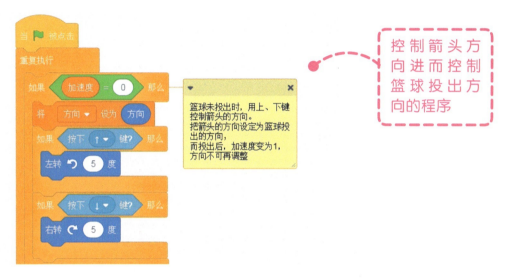

控制箭头方向进而控制篮球投出方向的程序

小猴皮皮：还有一段是调整距离的。

调整距离的程序

小猴皮皮：最后是篮球的程序。

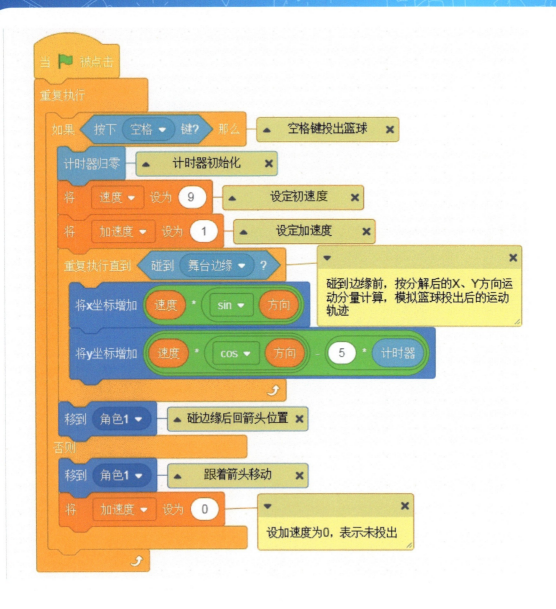

小猴皮皮：程序就这些了，然后大家看看效果和流程图吧！

第十二课 程序员晋级

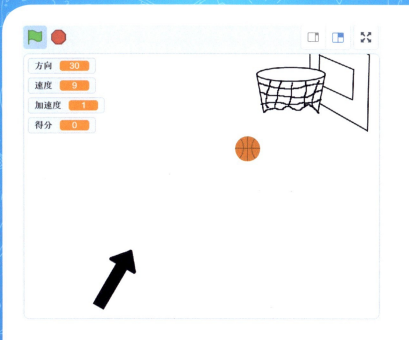
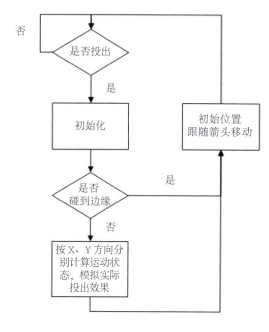
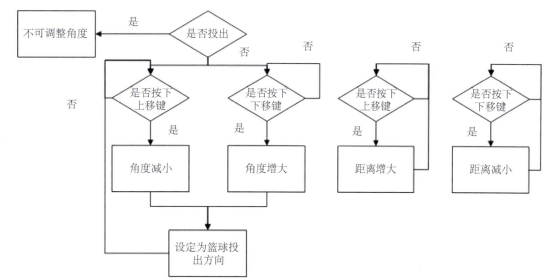

大猩猩黑客：投篮程序不错嘛！

小鸟云云：你用的算法果然和我一样，只是，我的控制方向是随机的，你的是可调的。

小猴皮皮：咱们三个都做出了很不错的程序，相信猴博士看了以后一定会喜欢的！

大猩猩黑客、小鸟云云：嗯，猴博士一定会喜欢的！

作业 HOMEWORK

据说猴博士特别喜欢足球，我们也做个礼物吧，就做一个足球程序！